저자 **전수경 김경용 정중기**

Geo Gebra
Coding Math

지오지브라
고등학교 코딩수학

**역동적인 수학 학습 자료
창의적 체험활동 및 동아리 탐구 과제**

컴퓨팅 사고, 수학적 문제해결능력 향상

지오지브라 코딩수학 : 고등학교

초판발행   2019년 1월 15일
초판 2쇄   2023년 12월 31일

저   자   전수경, 김경용, 정중기

펴 낸 곳   지오북스
등   록   2016년 3월 7일 제395-2016-000014호
전   화   02)381-0706 | 팩스 02)371-0706
이 메 일   emotion-books@naver.com
홈페이지   www.geobooks.co.kr

ISBN 979-11-87541-43-1
값 19,000원

이 도서의 국립중앙도서관 출판예정도서목록(CIP)은 서지정보유통지원시스템 홈페이지(http://seoji.nl.go.kr)와
국가자료공동목록시스템(http://www.nl.go.kr/kolisnet)에서 이용하실 수 있습니다.
(CIP제어번호 : CIP2018041004)

이 책은 저작권법으로 보호받는 저작물입니다.
이 책의 내용을 전부 또는 일부를 무단으로 전재하거나 복세할 수 없습니다.
파본이나 잘못된 책은 바꿔드립니다.

목 차

Chapter 1. 수학 학습자료 / 1

1. 이차함수의 최대·최소 ·· 2
2. 이차부등식의 해 ·· 13
3. 수열의 귀납적 정의 ··· 19
   3.1 인접한 두 항 사이의 관계로 정의된 수열 ····················· 20
   3.2 인접한 세 항 사이의 관계로 정의된 수열 ····················· 23
4. 여러 가지 미적분법 ··· 27
   4.1 도함수 확인하기 ·· 28
   4.2 부정적분 확인하기 ·· 36
5. 표본평균의 분포 ·· 40
6. 신뢰도와 신뢰구간 ·· 47

Chapter 2. 창의적 체험활동 탐구과제 / 55

1. 복소수 계산기 ·· 56
   1.1 분수 계산기 ·· 57
   1.2 복소수 계산기 ·· 62
2. 수학으로 음악하기 ·· 67
   2.1 피아노 ·· 68
   2.2 노래연주 ·· 74
3. 수학 게임 ·· 78
   3.1 명령어 익히기 ·· 79
   3.2 핑퐁게임 ·· 82
   3.3 뱀꼬리게임 ·· 88

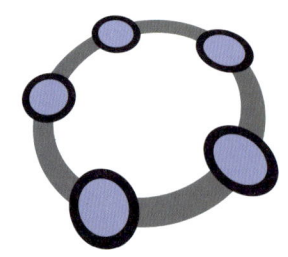

지오지브라 코딩 수학

   4. 거북기하 ·· 95
      4.1 거북이 명령어 익히기 ·· 96
      4.2 정삼각형 ·· 99
      4.3 정다각형 ·· 100
      4.4 단위원에 내접하는 정삼각형 ······································ 101
      4.5 단위원에 내접하는 별 ·· 103
   5. 프랙털 ··· 105
      5.1 명령어 익히기 ·· 106
      5.2 코흐 곡선 ·· 111
      5.3 시에르핀스키 삼각형 ·· 114

예시답안 및 해설 / 117

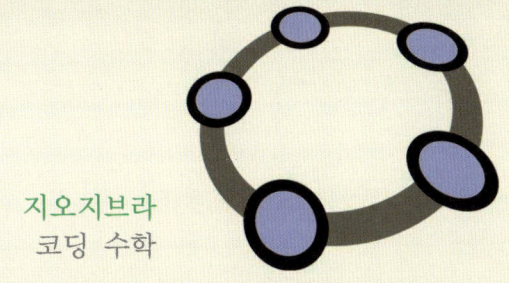

지오지브라
코딩 수학

Chapter 1
수학 학습자료

1. 이차함수의 최대·최소

이 자료는 고등학교 1학년 이차함수의 최대·최소를 지도하는 과정에서 정의역의 제한된 범위에 따라 최대·최소가 되는 위치가 달라지는 것을 시각적으로 표현한다. 지오지브라의 스크립트를 활용하여 정의역의 제한된 범위에 따라 이차함수의 최대·최소의 위치가 표시되는 이 자료는 범위를 다양하게 나타내어 학생들에게 여러 가지 경우의 최대·최소를 찾는 경험을 제공할 수 있다. 또한, 다양한 경우를 통해 학생들은 스스로 이차함수의 최대·최소에 대한 개념을 추론할 수 있다.

과목	수학
영역	문자와 식
핵심개념	방정식과 부등식
내용요소	이차방정식과 이차함수
성취기준	[10수학01-11] 이차함수의 최대, 최소를 이해하고, 이를 활용하여 문제를 해결할 수 있다.
학습목표	정의역 범위에 따라 이차함수의 최대·최소를 구할 수 있다.

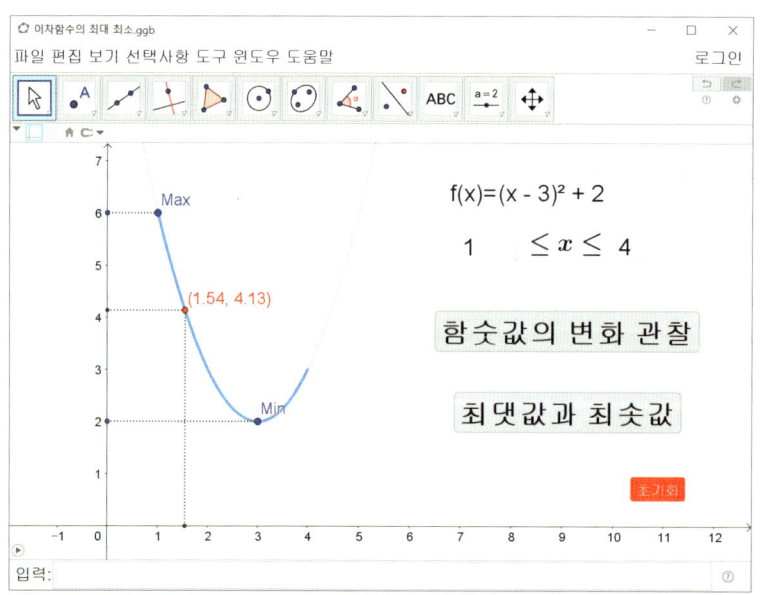

구성단계

[단계1] 입력창에 다음과 같이 임의의 이차식을 입력하여 이차함수를 만들어보자.

[단계2] 기하창 스타일바에서 $f(x)$의 그래프 색상을 '밝은 회색', 선스타일은 '점선'으로 변경한다.

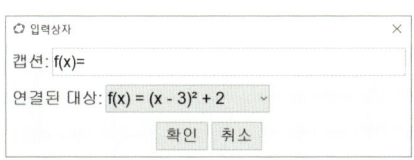

[단계3] **입력상자** 도구를 이용하여 이차함수를 변경할 수 있는 입력상자를 만들어보자.

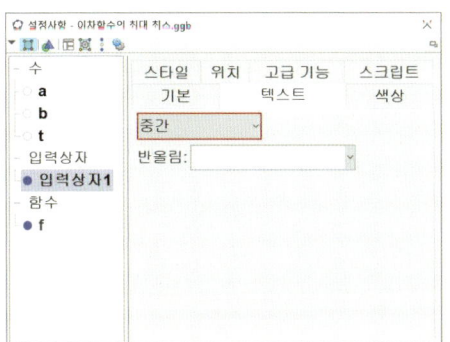

[단계4] 입력상자1의 설정사항에서 **텍스트**는 '중간', 스타일 탭에서 **입력상자 길이**는 '10'으로 변경한다.

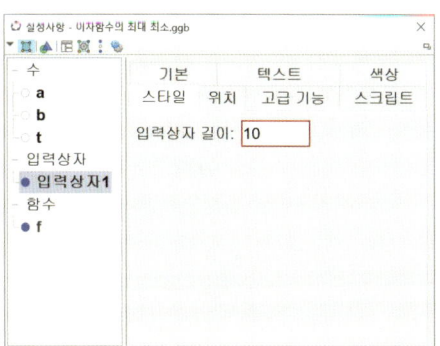

지오지브라 코딩 수학

[단계5]   입력창에 다음을 입력하여 두 변수 a, b를 만들어보자.

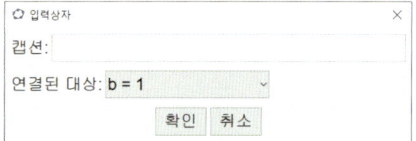

[단계6]   **입력상자** 도구를 이용하여 변수 a, b를 변경할 수 있는 입력상자를 만들어 보자.

[단계7]   변수 a, b를 입력받는 입력상자2, 입력상자3의 설정사항을 그림과 같이 변경한다.

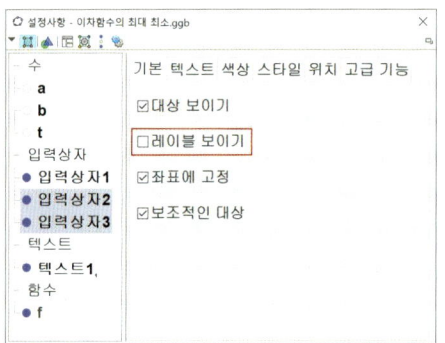
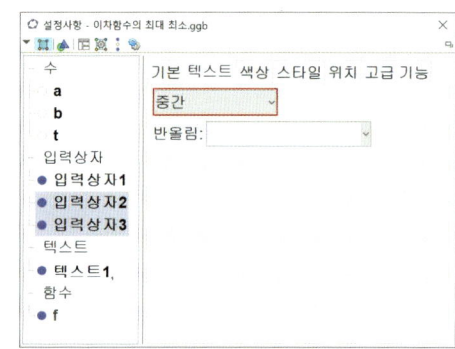
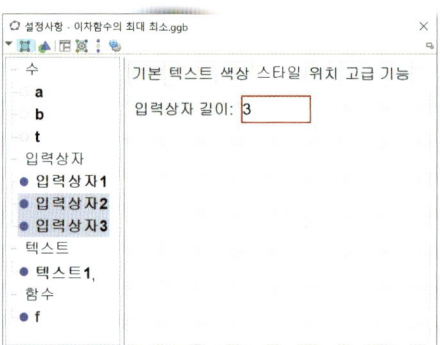

[단계8] 텍스트  도구를 이용하여 그림과 같이 x의 범위를 나타내는 텍스트를 만들어보자.

[단계9] 변수 a, b의 입력상자와 부등호 기호 텍스트를 사용하여 $a \leq x \leq b$의 형태가 되도록 만든 후 함수 $f(x)$와 함께 그림과 같이 배치한다.

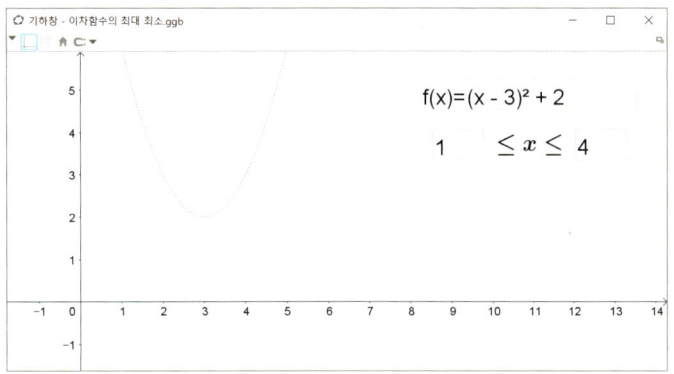

[단계10] 입력상자는 화면에 고정되는 것이 기본으로 설정되어 있는 반면, 텍스트는 좌표에 고정되도록 설정되어 있다. 텍스트에서 마우스 오른쪽을 클릭하여 화면에서의 절대 위치를 누른다.

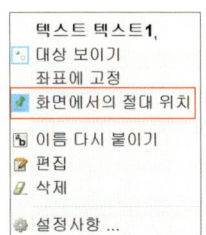

[단계11] 입력창에 다음을 입력하여 제한된 범위의 정의역을 가지는 이차함수를 만들어 보자.

입력: g(x) = f(x) , a <= x <= b

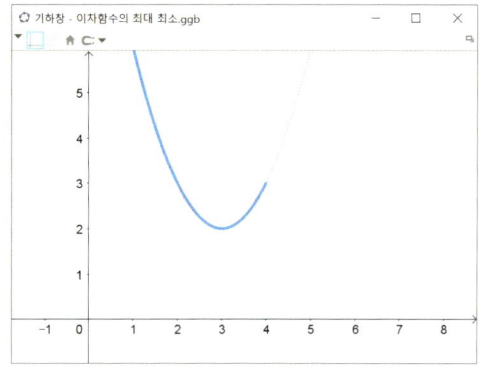

제한된 범위의 정의역을 가진 이차함수의 최대·최소를 살펴보기 위해 먼저 제한된 범위에서 함숫값을 관찰할 수 있는 함숫값의 변화 관찰 버튼을 만든다. 함숫값의 변화 관찰 버튼을 구성하는 과정은 [단계12]~[단계18]과 같다.

[단계12] 제한된 범위에서 함숫값의 변화를 관찰하기 위해 **슬라이더** 도구를 사용하여 변수 t를 만들어보자. 이때 변수 t 설정사항의 기본 탭에서 **대상보이기**를 해제하고 슬라이더 탭에서 **최솟값** 'a', **최댓값** 'b', 애니메이션은 '증가'로 설정한다.

 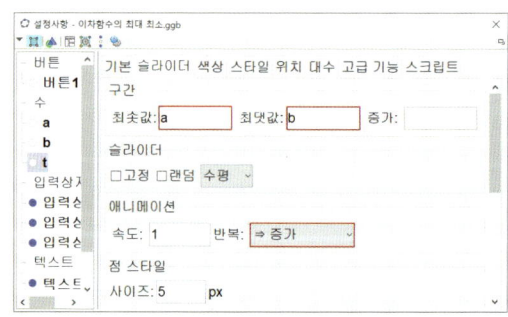

Chapter 1. 수학학습자료

[단계13] 제한된 범위에서 함숫값의 변화를 관찰하기 위해 **버튼** [OK] 도구를 사용하여 캡션이 다음과 같은 버튼을 만들어보자.

캡션: 함숫값의 변화 관찰
지오지브라 스크립트:
⋮   ⋮

[단계14] 변수 t에 따라 움직이는 함수 위의 점 P와 점 P의 x좌표를 나타내는 x축 위의 점 P_x, 점 P의 y좌표를 나타내는 y축 위의 점 P_y를 다음과 같이 만들어보자.

1	P = (t , f(t))
2	P_x = (t , 0)
3	P_y = (0 , f(t))
⋮	⋮

[단계15] 두 점 P와 P_x를 연결하는 선분과 두 점 P와 P_y를 연결하는 선분을 다음과 같이 만들어보자.

4	l = 선분(P , P_x)
5	m = 선분(P , P_y)
⋮	⋮

[단계16] 점 P의 색상을 '빨강(R:1,G:0,B:0)', 크기는 '5'로 설정하고, P_x와 P_y의 크기는 점 P보다 작은 크기인 '3'으로 설정을 변경해보자.

6	색상설정(P , 1 , 0 , 0)
7	점크기설정(P , 5)
8	점크기설정(P_x , 3)
9	점크기설정(P_y , 3)
⋮	⋮

[단계17] 함숫값을 관찰하기 위해 점 P의 레이블(이름 표시)은 값으로 설정하고, 두 점 P_x와 P_y의 레이블은 숨기는 스크립트를 다음과 같이 작성해보자. 이때 스크립트를 사용하여 레이블을 변경할 경우 **레이블표시설정** 명령어에 다음 그림과 같이 코드를 입력해야 한다.

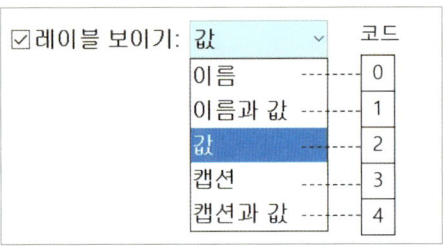

```
10  레이블표시설정( P , 2 )
11  레이블보이기( P_x , false )
12  레이블보이기( P_y , false )
13  레이블보이기( l , false )
14  레이블보이기( m , false )
```

[단계18] 함숫값의 변화 관찰 버튼을 클릭했을 때 점 P가 움직일 수 있도록 슬라이더 t의 애니메이션을 활성화해보자.

```
15  애니메이션시작( t )
```

제한된 범위의 정의역을 가진 이차함수에서 함숫값들의 변화를 관찰한 후 함수의 최대가 되는 점과 최소가 되는 점을 나타낼 수 있는 [최댓값과 최솟값] 버튼을 만든다. [최댓값과 최솟값] 버튼을 구성하는 과정은 [단계19]~[단계22]와 같다.

[단계19] 버튼 [OK] 도구를 이용하여 캡션이 다음과 같이 입력하고 함수 $g(x)$의 최댓값과 최솟값을 나타내는 점을 만들고, 각 점의 y좌표를 나타내는 y축 위의 점, 각 점을 잇는 선분을 구성하는 스크립트를 작성해보자.

캡션: 최댓값과 최솟값	
지오지브라 스크립트:	
1	Max = 최댓값(f , a , b)
2	Min = 최솟값(f , a , b)
3	Max_y = (0 , y(Max))
4	Min_y = (0 , y(Min))
5	l_M = 선분(Max , Max_y)
6	l_m = 선분(Min , Min_y)
⋮	⋮

[단계20] 모든 점의 색상을 '파랑(R:0, G:0, B:1)'으로 설정하고 최댓값과 최솟값을 나타내는 점의 크기를 '5'로 설정하는 스크립트를 작성해보자.

7	색상설정(Max , 0 , 0 , 1)
8	색상설정(Min , 0 , 0 , 1)
9	색상설정(Max_y , 0 , 0 , 1)
10	색상설정(Min_y , 0 , 0 , 1)
11	점크기설정(Max , 5)
12	점크기설정(Min , 5)
⋮	⋮

[단계21] 선분을 점선으로 설정하는 스크립트를 작성해보자. 이때 스크립트를 사용하여 선분의 스타일을 변경할 경우 **선스타일설정** 명령어에 다음 그림과 같이 코드를 입력해야 한다.

13	선스타일설정(l_M , 3)
14	선스타일설정(l_m , 3)
⋮	⋮

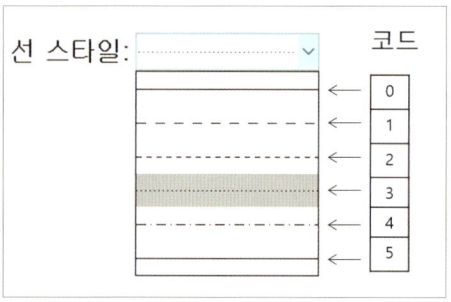

[단계22] 두 점 P_x와 P_y의 레이블을 숨기는 스크립트를 작성해보자.

15	레이블보이기(Max_y , false)
16	레이블보이기(Min_y , false)
17	레이블보이기(l_M , false)
18	레이블보이기(l_m , false)
⋮	⋮

Chapter 1. 수학학습자료

새로운 함수와 범위를 입력하고 다시 버튼을 실행하기 위해서는 만들어진 개체들을 모두 삭제하는 초기화 버튼이 필요하다. 초기화 버튼을 구성하는 과정은 [단계23]과 같다.

[단계23]   버튼 OK 도구를 이용하여 캡션과 스크립트가 다음과 같은 초기화 버튼을 만들어보자.

지오지브라 명령어 사전

- 색상설정(<대상> , "<색상>")
  색상설정(<대상> , <R>, <G>, <B>)
- 점크기설정(<대상> , <수>)
- 선스타일설정(<직선> , <수>)
- 레이블표시설정(<대상> , <수>)
- 레이블보이기(<수>)

지오지브라 코딩 수학

수업활동

1. 지오지브라에서 다음의 정의역이 제한된 범위의 이차함수를 입력한 후, [함숫값의 변화 관찰] 버튼을 클릭하여 이차함수가 최대가 될 때와 최소가 될 때의 위치를 찾고 [최댓값과 최솟값] 버튼을 클릭하여 확인해보자.

   (1) $f(x) = 2x^2 - 4x - 1 \, (-2 \leq x \leq 3)$ (2) $f(x) = 2x^2 - 4x - 1 \, (-2 \leq x \leq 0)$

   (3) $f(x) = -x^2 + 6x + 2 \, (-1 \leq x \leq 5)$ (4) $f(x) = -x^2 + 6x + 2 \, (-1 \leq x \leq 2)$

2. 1의 결과에서 최대가 되는 지점과 최소가 되는 지점이 비슷한 함수끼리 묶어 두 모둠을 만들어보고 각 모둠의 특징을 설명해보자.

3. 지오지브라의 입력창에 정의역이 제한된 범위의 이차함수를 다양하게 입력하여 2에서 나타난 특징과 다른 특징을 가지는 이차함수를 구하여보자.

4. 3의 결과를 바탕으로 정의역이 제한된 범위의 이차함수의 최댓값과 최솟값을 결정하는 중요한 역할을 하는 지점이 무엇인지 생각해보고, 제한된 범위의 이차함수의 최댓값과 최솟값을 구하는 방법 또는 절차를 이야기해보자.

> #### 지도상의 유의점
> - '최댓값과 최솟값' 버튼을 누르기 전에 함숫값의 변화를 충분히 관찰할 수 있도록 지도한다.
> - 학생들이 다양하게 이차함수와 정의역을 바꿔가면서 이차함수의 최댓값, 최솟값을 구함으로써 이차함수의 꼭짓점과 경곗값이 최댓값, 최솟값을 구하는 데 중요한 역할을 하는 것을 스스로 발견할 수 있도록 지도한다.

2. 이차부등식의 해

고등학교 1학년 이차부등식의 해를 지도하는 과정에서 학생들은 이차함수의 그래프와 이차부등식의 해 사이의 관계를 이해하는 데 어려움을 겪는다. 이 자료는 지오지브라의 스크립트를 활용하여 이차함수의 그래프에서 이차부등식의 해를 시각적으로 표현하여 학생들이 직관적으로 이차부등식의 해를 이해할 수 있도록 만든 교수학습 자료이다.

과목	수학
영역	문자와 식
핵심개념	방정식과 부등식
내용요소	여러 가지 방정식과 부등식
성취기준	[10수학01-16] 이차부등식과 이차함수의 관계를 이해하고, 이차부등식과 연립이차부등식을 풀 수 있다.
학습목표	이차함수의 그래프를 이용하여 이차부등식의 해를 구할 수 있다.

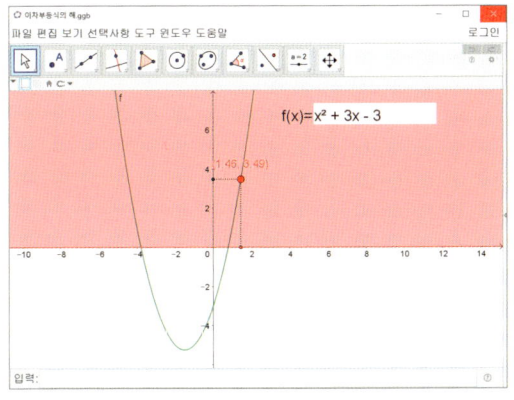 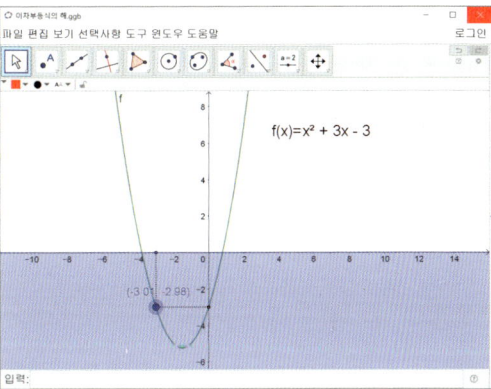

구성단계

[단계1]   입력창에 다음을 입력하여[1] 이차함수를 만들어보자.

입력: f(x) = x^2 + 3x - 3

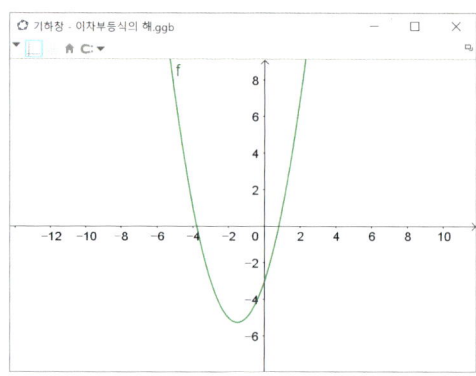

[단계2]   **입력상자** 도구를 이용하여 이차함수를 변경할 수 있는 입력상자를 만들어 보자.

[단계3]   **점** 도구를 이용하여 이차함수 위의 임의의 점을 만들어보자.

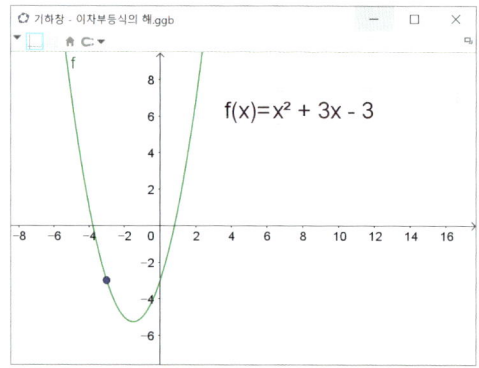

---

1) f(x)를 생략하고 이차식 x^2 + 3x -3만 입력해도 이차함수가 만들어진다.

[단계4]   이차부등식의 해를 표현할 수 있도록 x축 위에 점 A의 x좌표와 같은 점 B와 y축 위에 점 A와 y좌표가 같은 점 C를 만들어보자.

입력: B = (x(A) , 0)

입력: C = (0 , y(A))

[단계5]   **선분** 도구를 이용하여 점 A와 점 B, 점 A와 점 C를 연결한다.

[단계6]   설정사항에서 점 A의 레이블보이기는 '값'으로 설정하고, 점 B와 점 C는 레이블보이기 해제, **점 크기 '3'**, **선 스타일 '점선'**으로 스타일을 변경한다.

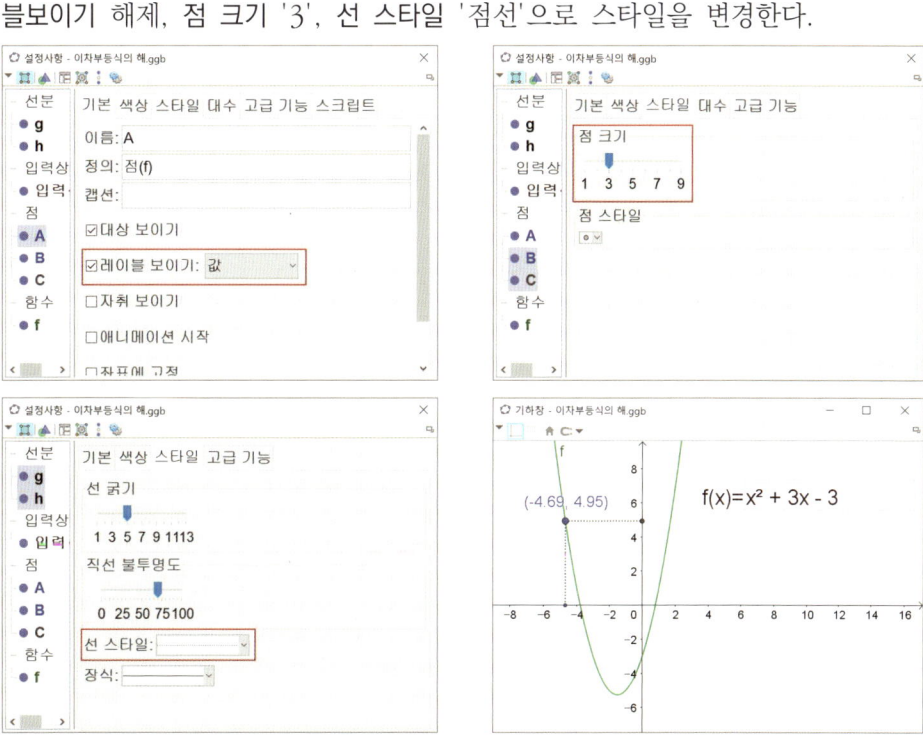

[단계7]   점 A 설정사항의 스크립트 탭에서 **새로고침할 때**를 눌러 점의 y좌표에 따라 색상을 다르게 표현하는 스크립트를 만들어보자. 먼저 점 A, B의 y좌표가 양수일 때 점의 색상을 빨강으로 나타내고, y좌표가 음수일 때 파랑으로 설정하는 스크립트를 작성해보자.

클릭할 때	새로고침할 때	전역 자바스크립트
1	조건(y(A) >= 0 , 색상설정(A , "빨강"))	
2	조건(y(A) < 0 , 색상설정(A , "파랑"))	
3	조건(y(A) >= 0 , 색상설정(B , "빨강"))	
4	조건(y(A) < 0 , 색상설정(B , "파랑"))	
⋮	⋮	

[단계8] 점 B의 자취를 설정하여 부등식의 영역의 해를 표현하고, y좌표가 양수인 부분과 음수인 부분을 부등식의 영역으로 구성한 후 점 A, B와 같은 색상을 설정하는 스크립트를 구성해보자. 이때 := 는 새로운 대상을 정의할 때 사용하는 기호이다.

5	자취설정(B , true)
6	a := y > 0
7	색상설정(a , "빨강")
8	b := y < 0
9	색상설정(b , "파랑")
⋮	⋮

[단계9] 점 A를 움직였을 때 y좌표에 따라 각 영역이 나타날 수 있도록 조건을 설정해보자.

10	조건(y(A) >= 0 , 보이기설정(a , 1 , true) , 보이기설정(a , 1 , false))
11	조건(y(A) < 0 , 보이기설정(b , 1 , true) , 보이기설정(b , 1 , false))

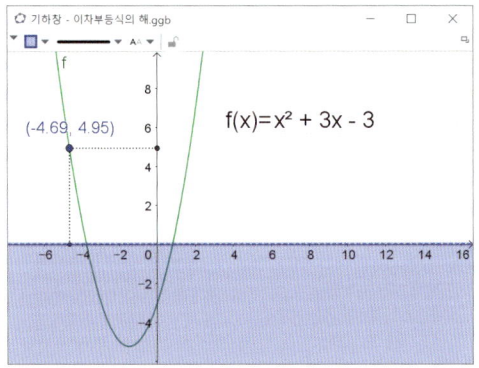

Chapter 1. 수학학습자료

> ### 지오지브라 명령어 사전
> - 조건(⟨조건⟩ , ⟨조건이 성립될 때 만들 대상⟩)
>   조건(⟨조건⟩ , ⟨조건이 성립될 때 만들 대상⟩ , ⟨성립되지 않을 때 만들 대상⟩)
> - 색상설정(⟨대상⟩ , "⟨색상⟩")
>   색상설정(⟨대상⟩ , ⟨R⟩ , ⟨G⟩ , ⟨B⟩)
> - 자취설정(⟨대상⟩ , ⟨true|false⟩)
> - 보이기설정(⟨대상⟩ , ⟨기하창 1|2⟩ , ⟨true|false⟩)

수업활동

1. 지오지브라 자료에서 점 A를 움직여보고 다음 물음에 답하시오. 단, 이차함수의 x절편은 CAS창을 이용하여 구한다.

(1) y좌표가 양수가 되는 x의 범위를 구하시오.

(2) y좌표가 음수가 되는 x의 범위를 구하시오.

2. 1의 결과를 이용하여 다음 이차부등식의 해를 구하시오.

(1) $x^2 + 3x - 3 > 0$ (2) $x^2 + 3x - 3 \geq 0$

(3) $x^2 + 3x - 3 < 0$ (4) $x^2 + 3x - 3 \leq 0$

지오지브라 코딩 수학

3. 지오지브라의 입력창에 이차함수를 변경하여 다음 이차부등식의 해를 구하시오.

(1) $x^2 - 6x + 9 > 0$

(2) $-x^2 + 8x - 16 > 0$

(3) $x^2 - x + 3 > 0$

(4) $x^2 + x - 4 \leq 0$

4. 3의 결과를 바탕으로 이차부등식의 해를 결정하는 데 중요한 역할을 하는 대상이 무엇인지 생각해보고, 임의의 이차부등식의 해를 구하는 방법 또는 절차를 구성해보자.

지도상의 유의점

- 이차부등식의 해가 이차함수의 그래프에서 x의 값임을 강조하며 지도한다.
- 학생들이 여러 가지 이차함수를 사용하여 이차부등식의 해를 구함으로써 이차방정식의 판별식의 부호에 따라서 이차부등식의 해가 다른 형태로 나올 수 있음을 발견하도록 지도한다.

3. 수열의 귀납적 정의

수열을 정의할 때, 수열의 일반항이 주어지지 않아도 몇 개의 항과 이웃하는 항들 사이의 관계가 주어지면 다른 항을 구할 수 있다. 지오지브라에서도 일반항을 알 때는 수열 명령어를 사용하여 여러 항을 한 번에 구할 수 있으며, 항들 사이의 관계를 알 때 다른 항을 구할 수 있는 명령어가 있다. 그리고 명령어를 사용하지 않더라도 수열의 귀납적 정의를 스크립트 명령어로 표현하여 항을 구할 수 있다. 이 같은 수열의 귀납적 정의는 프랙털 도형을 그리거나 컴퓨터 과학에서 사용되는 재귀 함수에 해당한다고 볼 수 있다.

과목	수학 I
영역	대수
핵심개념	수열
내용요소	수학적 귀납법
성취기준	[12수학 I 03-06] 수열의 귀납적 정의를 이해한다.
학습목표	귀납적 정의를 프로그래밍하는 방법을 학습한다.

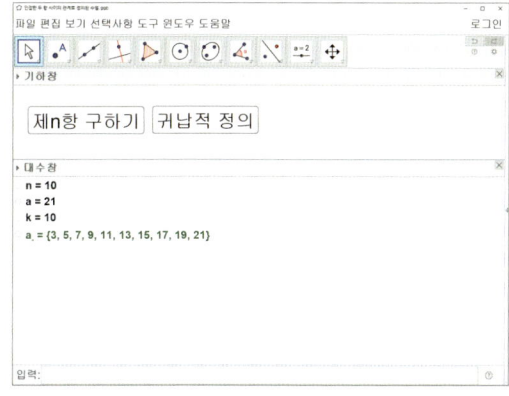 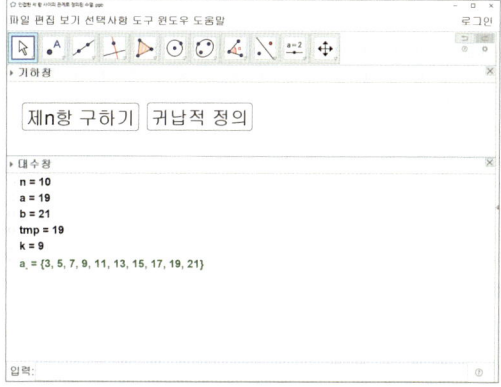

3.1 인접한 두 항 사이의 관계로 정의된 수열

$a_1 = 3$, $a_{n+1} = a_n + 2$인 등차수열의 제10항을 구해보자. 먼저 **반복법** 및 **반복리스트** 명령어를 이용한 첫 번째 방법이다.

구성단계

[단계1] 입력창에 다음을 입력하여 제10항의 값을 갖는 수를 만들어보자.

입력: 반복법(a + 2 , a , { 3 } , 9)

[단계2] 입력창에 다음을 입력하여 첫째항부터 제10항까지의 값을 순서대로 원소로 갖는 리스트를 만들어보자.

입력: 반복리스트(b + 2 , b , { 3 } , 9)

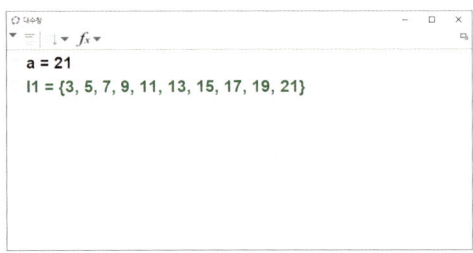

반복법과 **반복리스트** 명령어를 이용하지 않고, 수열의 귀납적 정의를 직접 이용하여 원하는 항을 구하는 방법도 있다. 버튼을 이용하는 두 번째 방법을 알아보자.

구성단계

[단계1] 입력창에 다음을 입력하여 귀납적 정의로 주어진 수열에서 제n항을 구하기 위한 수 n을 만들어보자.

입력: n = 10

[단계2] 버튼 OK 도구를 이용하여 캡션과 스크립트가 다음과 같은 버튼을 만들어보자.

캡션: 제n항 구하기
지오지브라 스크립트:
1   a = 3
2   k = 1
3   조건(n > 1 , 마우스클릭실행스크립트(버튼2) , a)

[단계3] 버튼 OK 도구를 이용하여 캡션과 스크립트가 다음과 같은 버튼을 만들어보자.

캡션: 귀납적 정의
지오지브라 스크립트:
1   값설정(a , a+2)
2   값설정(k , k+1)
3   조건(k < n , 마우스클릭실행스크립트(버튼2))

"버튼1"은 첫째항과 수열의 항 번호를 의미하는 변수를 정의한다. "버튼2"는 반복 구조를 만드는 버튼으로, 버튼을 클릭하면 a를 $a+2$로, k를 $k+1$로 바꾼다. 그리고 이렇게 바뀐 k가 n보다 작으면 (버튼을 클릭하여 스크립트를 실행하는 기능이 작동되어) 같은 과정을 k가 n보다 작지 않을 때까지 반복한다.

만약 **반복리스트** 명령어처럼 중간의 값을 모두 구하기 위해서는 어떻게 해야 할까? 먼저 값을 누적하여 입력할 리스트가 필요하다. 그리고 이 리스트에 값을 추가해야 하며, 첫째 항부터 추가해야 함을 고려하여 스크립트를 작성해야 한다. 두 버튼에 항을 누적하는 기능을 추가해보자.

[단계4] 제n항 구하기 버튼 설정사항의 스크립트 탭에서 세 번째 줄에 다음과 같이 내용을 추가해보자.

클릭할 때	새로고침할 때	전역 자바스크립트
1 a = 3		
2 k = 1		

| 3 | a_n = 자유대상복사({ a }) |
| 4 | 조건(n > 1 , 마우스클릭실행스크립트(버튼2) , a_n) |

[단계5] 귀납적 정의 버튼 설정사항의 스크립트 탭에서 두 번째 줄에 다음과 같이 내용을 추가해보자.

| 클릭할 때 | 새로고침할 때 | 전역 자바스크립트 |

1	값설정(a , a+2)
2	값설정(a_n , 추가(a_n , a))
3	값설정(k , k+1)
4	조건(k < n , 마우스클릭실행스크립트(버튼2))

n의 값을 20으로 변경한 후, 제n항 구하기 버튼을 누르면 그림과 같은 결과를 얻는다.

3.2 인접한 세 항 사이의 관계로 정의된 수열

$a_1 = 3$, $a_2 = 5$, $a_{n+2} = 2a_{n+1} - a_n$인 수열의 제10항을 구해보자. 먼저 **반복법** 및 **반복리스트** 명령어를 이용한 첫 번째 방법이다.

구성단계

[단계1]   입력창에 다음을 입력하여 제10항의 값을 수로 만들어보자.

　　　　　입력: `반복법( 2a_{n+1} - a_{n} , a_{n} , a_{n+1} , { 3 , 5 } , 9 )`

[단계2]   입력창에 다음을 입력하여 첫째항부터 제10항까지의 값을 순서대로 원소로 갖는 리스트를 만들어보자.

　　　　　입력: `반복리스트( 2a_{n+1} - a_{n} , a_{n} , a_{n+1} , { 3 , 5 } , 9 )`

반복법과 **반복리스트** 명령어를 이용하지 않고, 수열의 귀납적 정의를 직접 이용하여 원하는 항을 구하는 방법도 있다. 버튼을 이용하는 두 번째 방법을 알아보자.

구성단계

[단계1]   입력창에 다음을 입력하여 귀납적 정의로 주어진 수열에서 제n항을 구하기 위힌 수 n을 만들어보자.

　　　　　입력: `n = 10`

[단계2]   버튼 [OK] 도구를 이용하여 캡션과 스크립트가 다음과 같은 버튼을 만들어보자.

캡션:	제n항 구하기
지오지브라 스크립트:	
1	a = 3

2	b = 5
3	tmp = 0
4	k = 1
5	a_n = 자유대상복사({ a , b })
6	조건(n > 2 , 마우스클릭실행스크립트(버튼2) , n == 1 , 값설정(a_n , { a }))

[단계3] 버튼 OK 도구를 이용하여 캡션과 스크립트가 다음과 같은 버튼을 만들어보자.

캡션: 귀납적 정의

지오지브라 스크립트:

1	값설정(tmp , b)
2	값설정(b , 2b-a)
3	값설정(a_n , 추가(a_n , b))
4	값설정(a , tmp)
5	값설정(k , k+1)
6	조건(k < n - 1 , 마우스클릭실행스크립트(버튼2))

두 항 사이의 관계와 다르게 세 항 사이의 관계로 귀납적 정의가 될 때는 변수(tmp)를 하나 더 만들어야 한다. 그 이유는 a_1, a_2의 값을 뜻하는 변수 a, b가 한 번 버튼2의 과정을 실행하게 되면 a_2, a_3의 값을 가져야 한다. 이렇게 되기 위해서는

$$b \to 2b-a \quad (1)$$
$$a \to b \quad (2)$$

로 바뀌면 된다. 그러나 이 과정을 스크립트로 작성하면 a와 b는 모두 같은 값을 갖게 된다. (1)의 화살표 왼쪽 b와 (2)의 화살표 오른쪽 b가 같은 값이어야 하는데, (1)에서 이미 b는 $2b-a$의 값으로 변하였기 때문에 (2)의 b는 처음과 같은 b가 아니기 때문이다. 따라서 b의 값을 임시로 갖고 있을 변수 tmp를 만든 후에

$$tmp \to b$$
$$b \to 2b-a$$
$$a \to tmp$$

와 같은 순서로 값을 바꾸면 된다. n의 값을 20으로 변경한 후, 제n항 구하기 버튼을 누르면 그림과 같은 결과를 얻는다.

```
n = 20
a = 39
b = 41
tmp = 39
k = 19
a_ = {3, 5, 7, 9, 11, 13, 15, 17, 19, 21, 23, 25, 27, 29, 31, 33, 35, 37, 39, 41}
```

지오지브라 명령어 사전

- 반복법(⟨식⟩ , ⟨변수⟩ , ⟨시작값⟩ , ⟨세기⟩)
- 반복리스트(⟨식⟩ , ⟨변수⟩ , ⟨시작값⟩ , ⟨세기⟩)
- 조건(⟨조건⟩ , ⟨조건이 성립될 때 만들 대상⟩)
- 값설정(⟨대상⟩ , ⟨대상⟩)
- 마우스클릭실행스크립트(⟨대상⟩)

수업활동

1. 다음 등비수열을 귀납적으로 정의하고, 첫째항부터 제20항까지 구하는 프로그램을 만들어보자. (단, 귀납적 정의는 인접한 두 항 사이의 관계와 세 항 사이의 관계를 이용하는 두 가지 방법을 모두 만들어보자.)

(1) $2, -6, 18, -54, 162, \cdots$

(2) $3, 6, 12, 24, 48, \cdots$

2. 다음과 같이 귀납적으로 정의된 수열 $\{a_n\}$의 첫째항부터 제20항까지를 리스트로 만들어보자.

$$a_1 = 0, \ a_2 = 1, \ a_{n+2} = a_{n+1} + a_n$$

지오지브라 코딩 수학

3. 어느 물탱크에 $2000\,L$의 물이 들어 있다. 이 물탱크에 담긴 물의 20%를 버리고 $150\,L$를 다시 채우는 작업을 반복하려고 한다. n번 반복한 후 물탱크에 남아 있는 물의 양을 $a_n\,L$라 하자.

(1) a_1의 값을 구해보자.

(2) a_n과 a_{n+1} 사이의 관계를 식으로 나타내보자.

(3) 지오지브라를 이용하여 a_{10}의 값을 소수 둘째 자리까지 구해보자.

(4) 지오지브라를 이용하여 a_{20}, a_{30}, a_{40}, a_{50}, a_{60}을 소수 둘째 자리까지 구해보자. 물탱크에서 물을 버리고 다시 채우는 작업을 한없이 반복하였을 때, 물탱크에 남아 있는 물의 양에 대하여 추측해보자.

지도상의 유의점

- 반복법과 반복리스트 명령어보다 버튼을 이용한 방법이 더욱 다양한 활용이 가능하므로 버튼을 이용한 방법을 정확하게 이해할 수 있도록 지도한다.
- 일반적으로 어떤 함수에 자신을 사용하는 형태의 순환 정의는 무한 루프를 만들어낼 수 있으므로 순환 작업을 빠져나올 수 있는 조건을 잘 작성해야 함을 지도한다.

4. 여러 가지 미적분법

고등학교 1학년, 2학년에서 다항함수, 지수함수, 삼각함수의 도함수와 부정적분을 구하는 과정은 미적분을 다루는 데 있어 가장 기본적인 내용이다. 하지만 이 과정에서부터 몇몇 학생들은 어려움을 겪고 이후의 학습을 이어나가지 못하기도 한다. 이 자료는 지오지브라 스크립트를 이용하여 도함수와 부정적분을 구하는 반복적으로 연습할 수 있는 형태로 구성된 자료이다. 특히 학생들이 스스로 자신이 학습하고자 하는 함수형태를 리스트로 구성하여 부족한 부분에 대하여 보충할 수 있으며, 제공되는 문제해결과정을 통해 피드백을 받을 수 있다.

과목	수학Ⅱ, 미적분
영역	해석
핵심개념	미분, 적분
내용요소	도함수, 부정적분
성취기준	[12수학Ⅱ02-04] 함수 $y=x^n$ (n은 양의 정수)의 도함수를 구할 수 있다. [12수학Ⅱ03-02] 함수의 실수배, 합, 차의 부정적분을 알고, 다항함수의 부정적분을 구할 수 있다. [12미적02-02] 지수함수와 로그함수를 미분할 수 있다. [12미적02-05] 사인함수와 코사인함수를 미분할 수 있다. [12미적03-03] 여러 가지 함수의 부정적분과 정적분을 구할 수 있다.
학습목표	반복하여 문제를 해결하는 학습 자료를 활용하여 다양한 함수의 도함수 및 부정적분을 구할 수 있다.

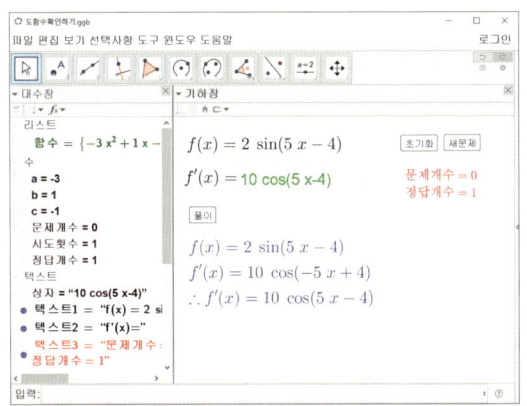
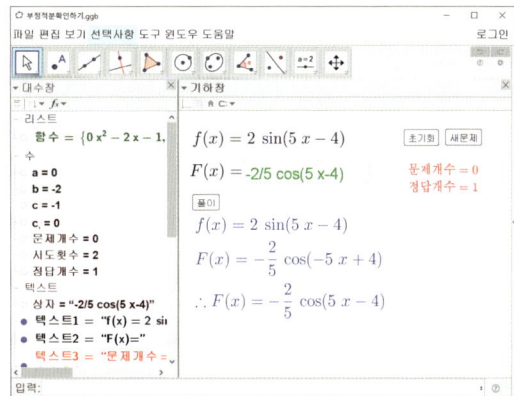

4.1 도함수 확인하기

여러 가지 형태의 함수들을 리스트로 설정하여 함수를 랜덤으로 제시되게 한 후, 제시된 함수의 도함수를 구하는 학습 자료를 만들어보자.

구성단계

[단계1]   다양한 함수에 활용될 상수 a, b, c의 값을 -5에서 5사이에서 랜덤으로 설정되도록 다음과 같이 입력하자. 이때 Ctrl+R 또는 F9를 누르면 모든 대상이 재계산이 되어 a, b, c의 값이 랜덤으로 변경된다.

입력: `a = 랜덤( -5 , 5 )`

입력: `b = 랜덤( -5 , 5 )`

입력: `c = 랜덤( -5 , 5 )`

[단계2]   다음과 같이 입력하여 $f(x)$를 만들고, $f'(x)$를 구해보자.

입력: `f( x ) = a sin( b x + c )`

입력: `f'( x )`

[단계3]   이때 구하고자 하는 함수 형태가 하나가 아니라 다양할 때에는 다음과 같이 여러 함수를 하나의 리스트로 만들어보자.[2]

입력: `함수 = { a x^2 + b x + c , a sin( b x + c ) , a cos( b x + c ) , a exp( b x + c ) }`

---

[2] 자연상수 e를 밑으로 하는 지수함수 e^x는 $\exp(x)$로 입력하며, 제시된 함수 이외에도 학습하고자 하는 다양한 함수 형태를 추가로 입력할 수 있다.

[단계4]   기존에 만든 $f(x)$를 더블클릭하여 다음과 같이 입력해보자.[3]

> 재정의
> 함수 f
> 랜덤원소(함수)
> 설정사항⋯   확인 취소 적용

[단계5]   여기서 $a=1$, $b=0$, $c=-1$이면 $f(x)=1x^2+0x-1$으로 표현된다. 즉, a, b 중에 어느 하나의 값이 1이거나 a, b, c 중 어느 하나의 값이 0일 때 일반적인 대수식의 형태로 표현되지 않으므로 다음을 입력하여 $f_1(x)=4x^2-1$와 같이 간결한 형태의 함수로 표현하도록 만들어보자.

> 입력: f_1(x) = 정리(f)

> 입력: f'_1(x) = 정리(f ')

[단계6]   만약 $y=a\sin(bx+c)$, $y=a\cos(bx+c)$ 형태의 삼각함수에서 b의 값이 음수인 경우, 양수로 정리되는 문제가 나타난다. 즉, $a=2$, $b=-1$, $c=3$이면 $f(x)=2\sin(-x+3)$, $f_1(x)=-2\sin(x-3)$로 나타난다. 이 경우 입력창에 다음을 입력하여 $abc=0$ 또는 $a=1$ 또는 $b=1$인 경우에만 $f(x)$를 정리하여 $f_1(x)$ 형태로 표현하도록 만들어보자.[4]

> 입력: f_2(x) = 조건(a b c == 0 || a == 1 || b == 1 , f _ 1 , f)

[단계7]   텍스트 ABC 도구를 사용하여 그림과 같이 반복하여 학습할 수 있는 형태를 만들어보자.

---

[3] [단계2]에는 f'(x)가 미분 계산과정을 반영한 식으로 표현되나 [단계2]를 건너뛰고 [단계3]과 같이 함수리스트를 입력한 후 f(x)를 처음으로 정의하면 f'(x)는 미분계산과정이 정리된 식으로 나타난다. 이는 추후 풀이 과정을 살펴보는 것에 제약이 있으므로 다양한 함수에 대한 미분을 학습하고자 할 때도 반드시 [단계2]를 거친 후 다음 단계로 진행할 수 있도록 한다.
[4] 조건문을 입력할 경우 두 대상이 '같음'을 나타내는 비교 연산자는 등호를 두 번(==) 사용하고, '또는(or)'을 나타내는 논리 기호는 Shift+\(₩)를 두 번 입력(||)한다.

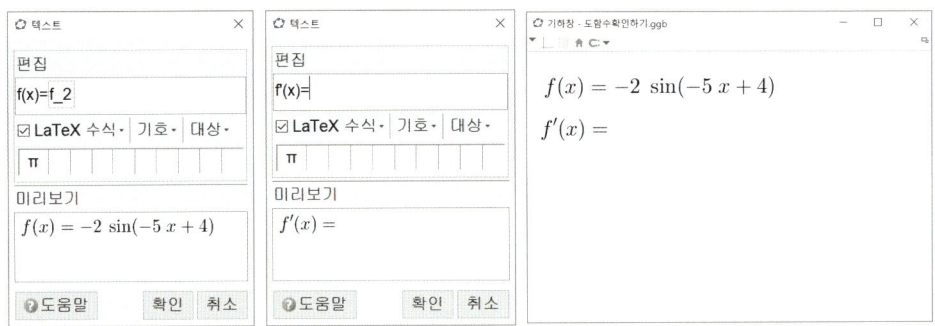

[단계8] 입력상자를 통해 $f'(x)$의 값이 입력되면 그 값을 텍스트와 연결하기 위해 다음과 같이 빈 텍스트를 만들어보자.

입력: 상자 = " "

이후 대수창에서 상자를 선택하여 대상을 숨긴다.

[단계9] **입력상자** 도구를 이용하여 캡션은 입력하지 않고 상자를 연결하는 입력상자를 만들어보자.

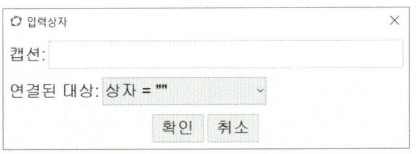

[단계10] 마우스 오른쪽을 클릭한 상태로 드래그하여 입력상자1을 텍스트 '$f'(x)=$' 옆에 배치한다. 그리고 입력상자1 설정사항의 기본탭에서 **레이블보이기**를 해제하고, 스타일 탭에서 **입력상자 길이**를 '10'으로 설정하여 입력상자1의 모양을 그림과 같이 변경해보자.

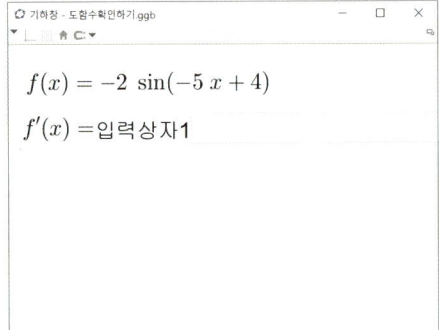 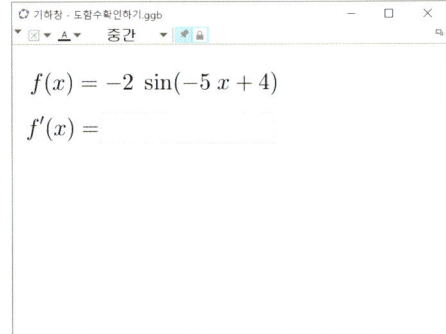

[단계11] 입력상자1에 입력된 값은 텍스트이고 $f'(x)$는 함수이므로 두 대상을 비교하기 위해서는 입력값을 함수로 인식하도록 변경할 필요가 있다. 이를 위해 다음을 입력하여 임의의 함수를 하나 만들어보자.

입력: answer(x) = 0

[단계12] 입력상자1에 정답이 입력되었을 때 글씨가 초록색으로 표현되고, 오답이 입력되었을 때 붉은색으로 표현되도록 만들어보자. 입력상자1 설정사항의 고급기능 탭에서 **동적 색상**을 다음과 같이 입력해보자.[5]

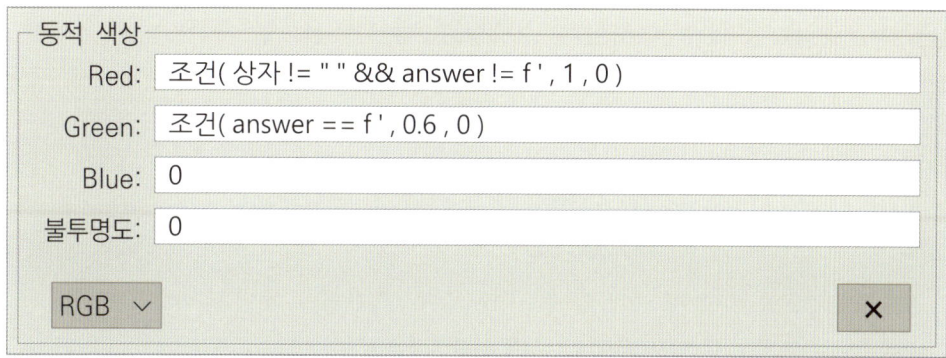

[단계13] 텍스트 ABC 도구를 사용하여 풀이를 제시하는 텍스트를 그림과 같이 만들어보자. 이때 텍스트 이름은 "풀이"로 설정하고, 스타일을 적당히 변경한다.

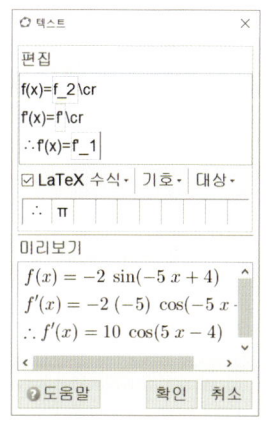 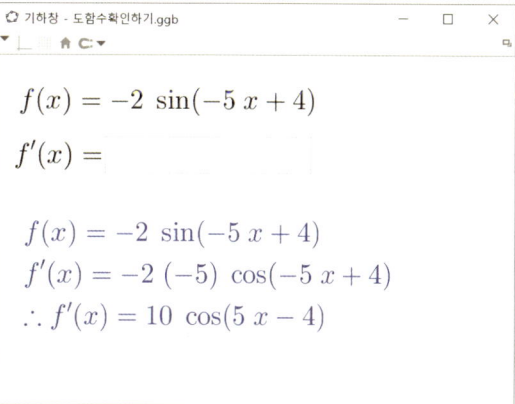

---

[5] 조건문에서 '같지 않다'를 나타낼 때에는 느낌표와 등호기호(!=)를 사용하고, '그리고(and)'를 나타낼 때에는 &를 두 번 입력(&&)한다.

[단계14] 도전한 문제 개수와 정답을 맞힌 횟수, 정답을 맞히기 위해 시도한 횟수를 다음과 같이 변수로 구성해보자.

입력: 문제개수 = 0

입력: 정답개수 = 0

입력: 시도횟수 = 0

[단계15] 입력상자1 설정사항의 스크립트 탭에서 **클릭할 때**를 눌러 입력받은 텍스트를 함수 $answer(x)$로 인식시키고, 풀이확인과 시도횟수, 문제개수, 정답개수를 증가시키도록 스크립트를 구성해보자.

클릭할 때	새로고침할 때	전역 자바스크립트
1	값설정(answer , %0)	
2	조건(answer == f ', 대상보이기조건설정(풀이 , true))	
3	값설정(시도횟수 , 시도횟수 + 1)	
4	값설정(정답개수 , 조건(answer == f ' && 시도횟수 == 1 , 정답개수 + 1 , 정답개수))	
5	값설정(문제개수 , 조건(시도횟수 == 1 , 문제개수 + 1 , 문제개수))	

[단계16] 버튼 OK 도구를 사용하여 문제의 풀이를 살펴볼 버튼을 만들어보자.

캡션: 풀이

지오지브라 스크립트:

1	대상보이기조건설정(풀이 , true)

[단계17] 버튼 OK 도구를 사용하여 새로운 문제를 살펴볼 수 있는 버튼을 만들어보자.

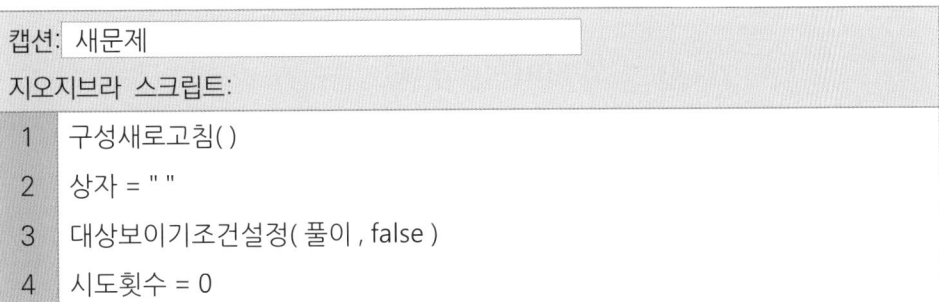

[단계18] 버튼 OK 도구를 사용하여 모든 값을 초기화하는 버튼을 만들어보자.

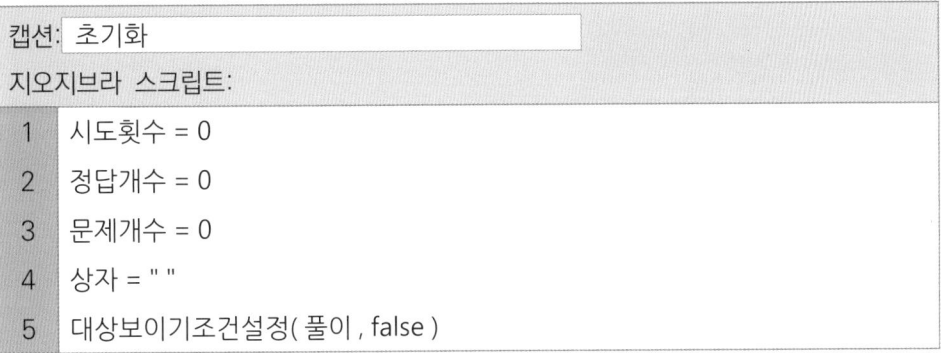

[단계19] 텍스트 ABC 도구를 사용하여 현재까지 풀이한 문제의 개수와 정답을 맞힌 개수를 나타내는 텍스트를 만들어보자. 이때 텍스트가 잘 드러날 수 있도록 설정사항을 그림과 같이 변경한다.

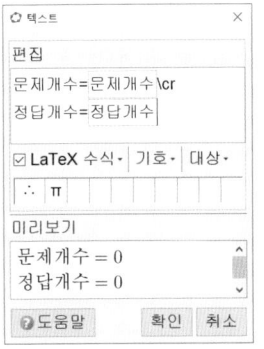

지오지브라 코딩 수학

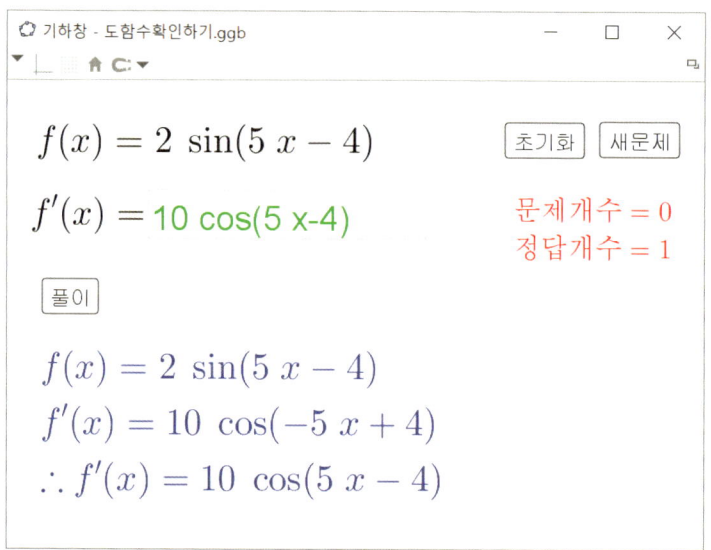

지오지브라 명령어 사전

- 랜덤(〈최소 정수〉 , 〈최대 정수〉)
- 랜덤원소(〈리스트〉)
- 정리(〈함수〉)
- 조건(〈조건〉 , 〈조건이 성립될 때 만들 대상〉)
  조건(〈조건〉 , 〈조건이 성립될 때 만들 대상〉 , 〈성립되지 않을 때 만들 대상〉)
- 값설정(〈대상〉 , 〈대상〉)
- 대상보이기조건설정(〈대상〉 , 〈조건〉)
- 구성새로고침( )

수업활동

함수 리스트를 각 문항별 유형에 맞게 설정하여 해결해보자. (단, 2번과 3번 문항의 경우에는 a의 값을 2보다 큰 자연수로 설정한다.)[6]

---
6) 대수창에 수 a를 더블클릭한 후 '랜덤(2, 5)'로 변경한다.

1. 함수 리스트를 $ax\wedge 2+bx+c$로만 구성한 뒤 10문제를 해결해보고, 다음 함수의 도함수를 구해보자.

    (1) $f(x)=5$ (2) $f(x)=3x-2$

    (3) $f(x)=2x^2+1$ (4) $f(x)=-x^2+2x-3$

2. 함수 리스트를 $a\wedge(bx+c)$와 $a\exp(bx+c)$로만 구성한 뒤 10문제를 해결해보고, 다음 함수의 도함수를 구해보자.

    (1) $f(x)=3^x$ (2) $f(x)=2^{2x-1}$

    (3) $f(x)=e^{2x}$ (4) $f(x)=2e^{-3x+1}$

3. 함수 리스트를 $\ln(ax+b)$와 $\log(a,bx+c)$로만 구성한 뒤 10문제를 해결해보고, 다음 함수의 도함수를 구해보자.

    (1) $f(x)=\ln 2x$ (2) $f(x)=\ln(3x-2)$

    (3) $f(x)=\log_2 3x$ (4) $f(x)=\log_3(-2x-1)$

4. 함수 리스트를 $a\sin(bx+c)$와 $a\cos(bx+c)$로만 구성한 뒤 10문제를 해결해보고, 다음 함수의 도함수를 구해보자.

    (1) $f(x)=\sin x$ (2) $f(x)=-3\sin(2x+1)$

    (3) $f(x)=\cos(3x)$ (4) $f(x)=2\cos(-3x+2)$

4.2 부정적분 확인하기

도함수 확인하기 활동 자료를 변경하여 랜덤으로 주어진 함수의 부정적분을 구하는 학습 자료를 만들어보자.

구성단계

[단계1]   대수창에서 함수 $f'(x)$를 더블클릭하여 '적분(f)'로 새로 정의해보자.

[단계2]   대수창에서 함수 $f'(x)$와 $f'_1(x)$를 각각 선택하여 마우스 오른쪽을 클릭하여 이름 다시 붙이기를 실행해보자. 이때 이름은 "F"와 "F_1"로 정의한다.

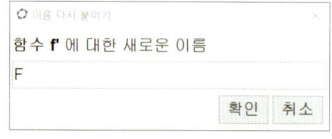

[단계3]   기하창에 텍스트로 작성한 "$f'(x)=$"과 문제풀이를 각각 더블클릭하여 "$f'(x)$"를 "$F(x)$"로 모두 바꾼다.

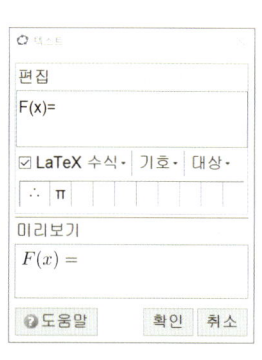
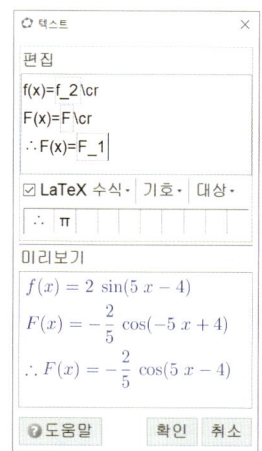

[단계4]　입력상자1의 스크립트에서 "f'"를 모두 "F"로 변경해보자.[7]

클릭할 때	새로고침할 때	전역 자바스크립트
1	값설정(answer , %0)	
2	조건(answer == F , 대상보이기조건설정(풀이 , true))	
3	값설정(시도횟수 , 시도횟수 + 1)	
4	값설정(정답개수 , 조건(asnwer == F && 시도횟수 == 1 , 정답개수 + 1 , 정답개수))	
5	값설정(문제개수 , 조건(시도횟수 == 1 , 문제개수 + 1 , 문제개수))	

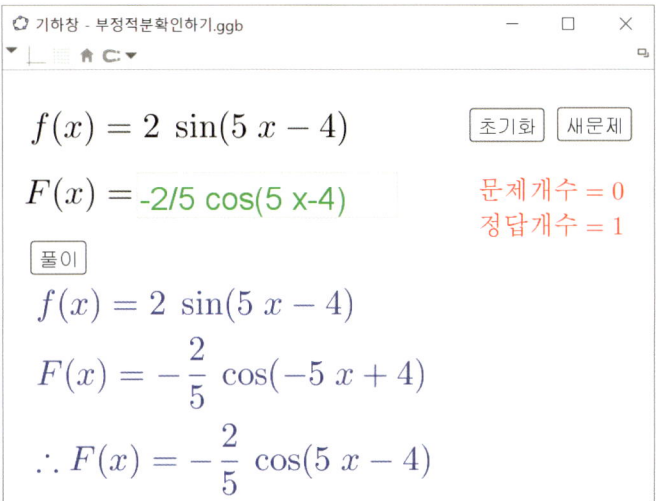

지오지브라 명령어 사전

● 적분(⟨함수⟩)

---

[7] 지오지브라에서 대상의 이름을 변경하면 기하창, 대수창, 텍스트 등에서 참조된 대상의 이름은 자동으로 변경된다. 하지만 스크립트는 자동으로 변경되지 않으므로 개별적으로 수정해야 한다.

지오지브라 코딩 수학

> **수업활동**

함수리스트를 문항별 유형에 맞게 설정하여 해결해보자.

1. 함수리스트를 $ax\^2+bx+c$로만 구성한 뒤 10문제를 해결해보고, 다음 함수의 부정적분을 구해보자.

(1) $f(x) = -4$

(2) $f(x) = x + 4$

(3) $f(x) = 3x^2 - 2x - 1$

(4) $f(x) = -x^2 + x - 3$

2. 함수리스트를 $a\^(bx+c)$와 $a\exp(bx+c)$로만 구성한 뒤 10문제를 해결해보고, 다음 함수의 부정적분을 구해보자. (단, a의 값을 2보다 큰 자연수, b의 값을 0이 아닌 정수로 설정한다.)[8]

(1) $f(x) = 2^x$

(2) $f(x) = 3^{-2x+1}$

(3) $f(x) = 2e^{2x}$

(4) $f(x) = -2e^{3x-1}$

---

[8] 대수창에서 수 a를 더블클릭한 후 "랜덤(2,5)"로 변경한다. 수 b의 값이 0일 때 exp 함수에서 오류가 나타난다. 따라서 b를 0이 아닌 정수로 설정해야 하며, 다음과 같이 두 가지 방법으로 실행할 수 있다.
첫째, b를 더블클릭한 후 "랜덤(1,5)", "랜덤(-5,-1)"로 변경하여 양수, 음수일 때를 각각 따로 학습한다. 둘째, b를 더블클릭한 후 "랜덤원소({-5,-4,-3,-2,-1,1,2,3,4,5})"로 변경하여 입력한 리스트 안의 원소로 b를 설정하도록 한다.

3. 함수리스트를 $a\sin(bx+c)$와 $a\cos(bx+c)$로만 구성한 뒤 10문제를 해결해보고, 다음 함수의 도함수를 구해보자.

(1) $f(x) = \sin(2x)$

(2) $f(x) = 2\sin(2x-1)$

(3) $f(x) = -\cos(3x)$

(4) $f(x) = 3\cos(-x+2)$

지도상의 유의점

- 학습하고자 하는 함수의 형태를 함수리스트에 입력할 수 있도록 지도한다.
- 지수함수와 로그함수의 경우 밑을 2이상의 자연수로 설정할 수 있도록 지도한다.
- 입력상자에 학습자가 생각하는 도함수 및 부정적분을 입력할 때 함수입력방법(예 띄어쓰기, exp( ) 등) 및 괄호를 정확하게 사용할 수 있도록 지도한다.
- 입력상자에 부정적분 입력 시 적분상수를 입력하지 않아야 정답 유무를 확인할 수 있다. 따라서 지오지브라 프로그램에는 적분상수 C를 입력하지 않지만, 학습활동을 통해 반드시 적분상수 C를 작성할 수 있도록 지도한다.

5. 표본평균의 분포

고등학교 확률과 통계 과목의 통계적 추정 단원에서 표본평균의 분포에 대한 이해를 돕기 위하여 반복하여 표본을 추출하고 표본평균을 누적하여 표본평균의 분포를 직관적으로 관찰한다. 이러한 과정을 통해 표본평균의 분포를 직관적으로 이해할 수 있게 만든 교수학습 자료이다.

과목	확률과 통계
영역	확률과 통계
핵심개념	통계
내용요소	통계적 추정
성취기준	[12확통03-06] 표본평균과 모평균의 관계를 이해하고 설명할 수 있다.
학습목표	정규분포를 따르는 모집단에서 반복하여 추출한 표본을 통해 얻은 표본평균의 분포와 모집단의 분포 사이의 관계를 이해하고 설명할 수 있다.

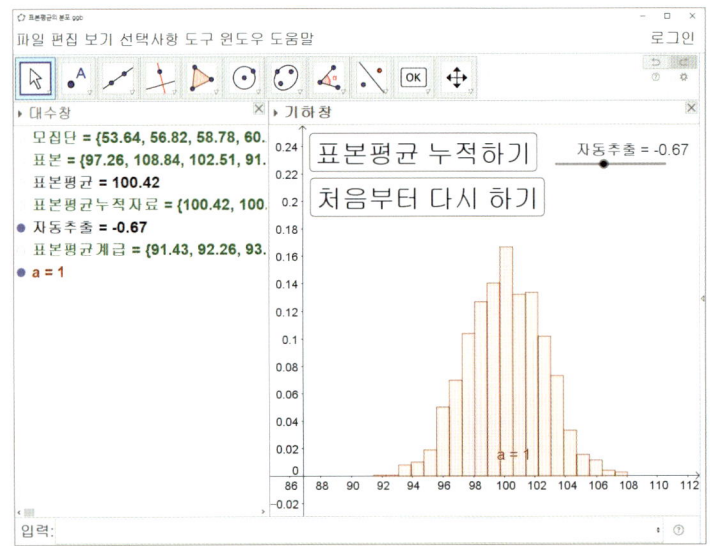

평균이 100이고 표준편차가 15인 모집단에서 크기가 36인 표본을 임의추출하여 얻은 표본평균 $\overline{X}$의 분포를 관찰하는 모의실험을 해보자.

구성단계

[단계1]   표본을 추출하기 위해서는 먼저 모집단을 만들어야 한다. 입력창에 다음을 입력하여 평균이 100이고 표준편차가 15인 정규분포를 따르는 1000개의 자료로 이루어진 모집단을 만들어보자.[9]

> 입력: 모집단 = 수열(역정규분포(100 , 15 , k / 1001) , k , 1 , 1000)

[단계2]   입력창에 다음을 입력하여 크기가 36인 표본을 임의추출해보자.

> 입력: 표본 = 표본(모집단 , 36)

Ctrl+R 또는 F9를 누를 때마다 새로운 표본으로 바뀐다.

[단계3]   입력창에 다음을 입력하여 [단계2] 과정을 통해 얻은 크기가 36인 표본의 평균, 즉 표본평균을 구해보자.

> 입력: 표본평균 = 평균(표본)

[단계4]   [단계3] 과정을 통해 얻은 표본평균 값들의 분포를 관찰하기 위해서는 구한 값들을 누적해야 한다. 이때 여러 개의 값을 가질 수 있는 리스트를 이용하여 임의추출한 표본의 표본평균을 누적한다. 이를 위해 입력창에 다음을 입력하여 원소가 하나도 없는 리스트를 만들어보자.

> 입력: 표본평균누적자료 = { }

---

[9] 입력한 내용에서 등호 왼쪽은 대상의 이름을 미리 지정하기 위함이다. 등호 왼쪽의 텍스트는 입력하지 않으면 자동으로 대상의 이름이 알파벳으로 만들어진다.

[단계5] 표본평균을 누적하는 기능을 가진 버튼을 만들어야 한다. **버튼** OK 도구를 이용하여 캡션과 스크립트가 다음과 같은 버튼을 만들어보자.

캡션: 표본평균 누적하기
지오지브라 스크립트:
1 구성새로고침( )
2 값설정(표본평균누적자료 , 추가(표본평균 , 표본평균누적자료))

표본평균 누적하기 버튼을 누르면 크기가 36인 표본을 임의추출하여 얻은 표본평균을 "표본평균누적자료" 리스트에 입력하게 된다. 분포를 관찰하기 위해서는 많은 수의 표본평균이 필요한데, 이를 위해 버튼을 여러 번 반복하여 누르기는 쉽지 않으므로 버튼을 누르지 않고 자동으로 임의추출하는 과정을 반복하는 기능을 만들어보자.

[단계6] **슬라이더** a=2 도구를 이용하여 이름이 "자동추출"인 슬라이더를 만들어보자.

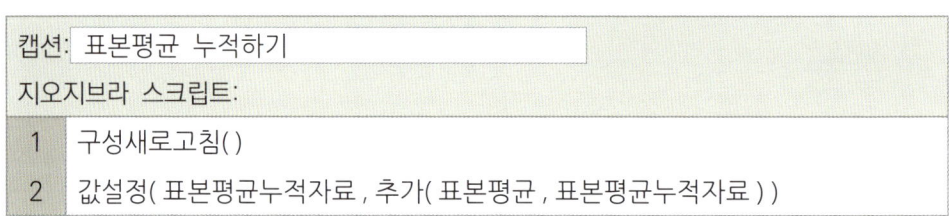

[단계7] [단계6]에서 만든 슬라이더의 설정사항에서 스크립트 탭에 다음과 같이 입력한 후 확인 버튼을 누른다.

새로고침할 때	전역 자바스크립트
1 마우스클릭실행스크립트(버튼1)	

"자동추출" 슬라이더를 선택한 후 키보드의 Space Bar 를 누르면10) 자동으로 표본이 추출된다.

---

10) 선택한 슬라이더의 애니메이션을 시작하거나 멈추는 기능을 한다.

표본평균의 분포를 히스토그램으로 나타내면 시각적으로 관찰하기 쉽다. 지오지브라에서 히스토그램을 만들기 위해서는 계급을 만들어야 한다. 지오지브라에서는 자료와 계급의 수를 입력하면 자동으로 계급을 만들어주는 명령어가 있으므로 이를 이용하여 계급을 만들고, 이렇게 만든 계급과 자료를 이용하여 히스토그램을 만들어보자.

[단계8]   입력창에 다음을 입력하여 표본평균의 분포를 히스토그램으로 나타내도록 필요한 계급을 만들어보자(계급의 개수는 20개로 하자).

> 입력: 표본평균계급 = 계급(표본평균누적자료 , 20)

[단계9]   입력창에 다음을 입력하여 히스토그램을 만들어보자.[11]

> 입력: 히스토그램(표본평균계급 , 표본평균누적자료 , true , 1/길이(표본평균누적자료))

기하창 설정사항의 y축 탭에서 **가장자리에 붙기**를 체크 한 후 화면을 이동하여 히스토그램이 잘 보이도록 축의 비율을 적당하게 조정하자.[12]

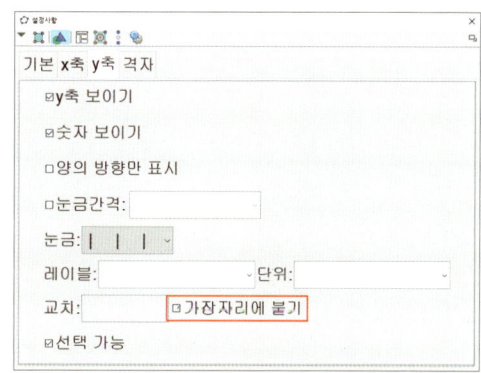

---

11) 입력한 내용에서 'true'와 '1/길이(표본평균누적자료)' 부분은 히스토그램의 넓이가 1이 되도록 히스토그램의 높이를 (상대도수)/(계급의 크기)로 설정하기 위함이다.
12) 표본평균을 1개 이상 누적한 후, x축:y축의 비율을 20:1 또는 50:1로 변경하고 x 좌표가 100인 위치가 기하창 화면 가운데에 나타나도록 화면을 이동하고 확대한다.

[단계10] 처음부터 다시 실험하기 위해서는 "표본평균누적자료" 리스트의 모든 원소를 삭제하면 된다. **버튼** OK 도구를 이용하여 캡션과 스크립트가 다음과 같은 버튼을 만들어보자.

캡션: 처음부터 다시 하기
지오지브라 스크립트:
1 애니메이션시작(자동추출 , false)
2 표본평균누적자료 = { }

처음부터 다시 하기 버튼을 누르면 "표본평균누적자료" 리스트의 모든 원소가 삭제되어 히스토그램도 정의되지 않으므로 그림도 나타나지 않는다.

지오지브라 명령어 사전

- 수열(⟨표현식⟩ , ⟨변수⟩ , ⟨시작값⟩ , ⟨끝값⟩)
- 역정규분포(⟨평균⟩ , ⟨표준편차⟩ , ⟨확률⟩)
- 표본(⟨리스트⟩ , ⟨크기⟩)
- 평균(⟨원자료의 리스트⟩)
- 구성새로고침( )
- 값설정(⟨대상⟩ , ⟨대상⟩)
- 추가(⟨리스트⟩ , ⟨대상⟩)
  추가(⟨대상⟩ , ⟨리스트⟩)
- 마우스클릭실행스크립트(⟨대상⟩)
- 계급(⟨자료의 리스트⟩ , ⟨계급의 수⟩)
- 히스토그램(⟨계급의 경계값의 리스트⟩ , ⟨원자료의 리스트⟩ , ⟨밀도 사용⟩ , ⟨밀도 계급폭(선택사항)⟩)
- 길이(⟨리스트⟩)
- 애니메이션시작(⟨슬라이더⟩ , ⟨true | false⟩)

수업활동

1. 입력창에 다음과 같이 입력하면 누적하여 얻은 표본평균 값의 개수를 구할 수 있다.

입력: | 길이(표본평균누적자료) |

표본평균의 값을 1000개 이상 누적할 때까지 실험한 후 히스토그램으로 나타낸 표본평균의 분포는 어떤 모양인지 설명해보자.

2. 모집단의 분포와 표본평균의 분포를 비교하기 위하여 모집단의 분포를 히스토그램으로 나타내어보자.

(1) 모집단의 히스토그램을 나타내기 위해 먼저 계급을 만들어야 한다. 계급의 개수가 50인 모집단 자료의 계급을 만들기 위한 명령어는 다음과 같다. 빈칸을 알맞게 채운 후 입력창에 입력해보자.

입력: | 모집단계급 = 계급([　　　], [　　　]) |

(2) 위의 과정을 통해 얻은 계급을 이용하여 모집단의 분포를 나타낼 히스토그램을 만들기 위한 명령어는 다음과 같다. 빈칸을 알맞게 채운 후 입력창에 입력해보자.

입력: | 히스토그램([　　　], [　　　], true, 1/길이([　　　])) |

(3) 입력창에 다음과 같이 입력하면 누적하여 얻은 표본평균의 평균을 구할 수 있다.

입력: | 평균(표본평균누적자료) |

입력창에 다음과 같이 입력하면 누적하여 얻은 표본평균의 표준편차를 구할 수 있다.

입력: | 표준편차(표본평균누적자료) |

위에서 구한 두 값과 모평균 100, 모표준편차 15을 비교해보고 어떤 관계가 있는지 설명해보자.

3. 입력창에 다음과 같이 입력하면 평균이 100이고 표준편차가 15인 정규분포의 확률밀도함수의 그래프를 그릴 수 있다.

> 입력: 정규분포(100 , 15 , x , false)

또한, 자신이 실험한 표본의 크기에 따라 평균이 100이고 표준편차가 $\dfrac{15}{\sqrt{표본의\ 크기}}$ 인 정규분포의 확률밀도함수의 그래프를 그린 후, 모집단과 표본평균의 분포 사이의 관계를 설명해보자.

지도상의 유의점

- 표본의 분포와 표본평균의 분포를 구별할 수 있도록 필요에 따라 표본의 분포를 히스토그램으로 나타내어보는 과정을 추가할 수 있다.
- 임의의 모집단에 대하여 가능한 모든 표본에 대하여 표본평균의 분포를 관찰하는 것이 모평균, 모분산과 표본평균의 평균, 분산 사이의 관계를 확인하는 데 적합하긴 하지만, 가능한 모든 표본을 모두 구하는 것은 표본의 크기가 커질수록 불가능에 가까울 정도로 가능한 모든 표본의 개수가 많아지므로 충분히 많은 수의 표본평균을 얻어서 관찰하는 것으로 실험을 진행함을 설명할 수도 있다.
- 입력창에 명령어를 입력하는 과정이 꽤 오래 걸리기 때문에 학생의 수준에 따라 입력하는 과정이 필요하다고 생각되지 않을 때는 완성된 자료를 실험하는 데에 수업의 초점을 맞추는 것도 좋다.

6. 신뢰도와 신뢰구간

고등학교 확률과 통계 과목의 통계 단원에서 모평균의 신뢰구간과 신뢰도의 빈도적 의미를 정확하게 이해하는데 교과서 내용으로는 한계가 있다. 이 자료는 모평균을 추정하고 그 결과를 해석할 때 사용되는 신뢰도와 신뢰구간을 이해하기 위해 많은 수의 신뢰구간을 구하여 그 신뢰구간 중에서 모평균을 포함하는 것의 상대도수를 계산하는 과정을 실험하는 교수학습 자료이다.

과목	확률과 통계
영역	확률과 통계
핵심개념	통계
내용요소	통계적 추정
성취기준	[12확통03-07] 모평균을 추정하고, 그 결과를 해석할 수 있다.
학습목표	신뢰구간을 반복하여 구하고 모평균의 포함비율을 계산하여 신뢰도와 비교하는 실험을 통해 신뢰도와 신뢰구간의 의미를 이해한다.

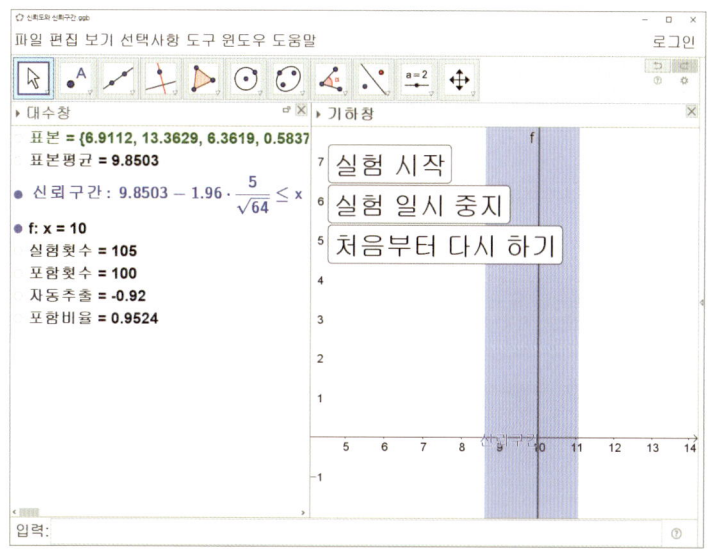

구성단계

지난 **표본평균의 분포**에 대한 학습에서 정규분포를 따르는 모집단을 만들고, 거기서 **표본** 명령어를 이용하여 표본을 임의추출하였다. 이번 과정에서는 정규분포를 따르는 모집단에서 표본을 추출하는 다른 방법을 사용해보자.

[단계1] 입력창에 다음을 입력하여 평균이 10이고, 표준편차가 5인 정규분포를 따르는 모집단에서 크기가 64인 표본을 임의추출해보자.

> 입력: 표본 = 수열(랜덤정규분포(10 , 5) , k , 1 , 64)

Ctrl+R 또는 F9를 누를 때마다 새로운 표본으로 바뀐다.

[단계2] 입력창에 다음을 입력하여 표본평균을 구하여보자.

> 입력: 표본평균 = 평균(표본)

[단계3] 입력창에 다음을 입력하여 모표준편차가 5, 표본의 크기가 64이며, 신뢰도가 95%인 신뢰구간을 구하여보자.[13]

> 입력: 신뢰구간 : 표본평균 - 1.96 * 5 / sqrt(64) <= x <= 표본평균 + 1.96 * 5 / sqrt(64)

x좌표가 10인 위치가 기하창 화면 가운데에 나타나도록 화면을 이동하자.

[단계4] 입력창에 다음을 입력하여 신뢰구간이 모평균을 포함하는지를 확인하기 위해 모평균의 위치를 나타내는 직선을 만들어보자.

> 입력: x = 10

새로고침을 할 때마다 바뀌는 신뢰구간이 모평균을 포함하는지를 확인하여 포함한 횟수를 실험횟수로 나눈 비율과 신뢰도를 비교하고자 한다. 이와 같은 실험을 위한 과정을 알아보자.

---

[13] 지오지브라에는 **Z평균추정** 명령어를 이용하여 신뢰구간의 양 끝값을 더 간단하게 얻을 수 있으나, 식을 입력하는 방법이 더욱 교육적일 것으로 여겨 해당 명령어를 사용하지 않았다.

Chapter 1. 수학학습자료

[단계5]   입력창에 다음을 입력하여 실험횟수와 포함횟수를 의미하는 수 "실험횟수"와 "포함횟수"를 만들어보자.

입력: 실험횟수 = 0

입력: 포함횟수 = 0

[단계6]   버튼 [OK] 도구를 이용하여 캡션과 스크립트가 다음과 같은 버튼을 만들어보자.

캡션: 신뢰구간 실험하기
지오지브라 스크립트:
1 구성새로고침( )
2 값설정(실험횟수 , 실험횟수 + 1)
3 조건(신뢰구간(10) , 값설정(포함횟수 , 포함횟수 + 1))

[단계7]   슬라이더 [a=2] 도구를 이용하여 이름이 "자동추출"인 슬라이더를 만들어보자.

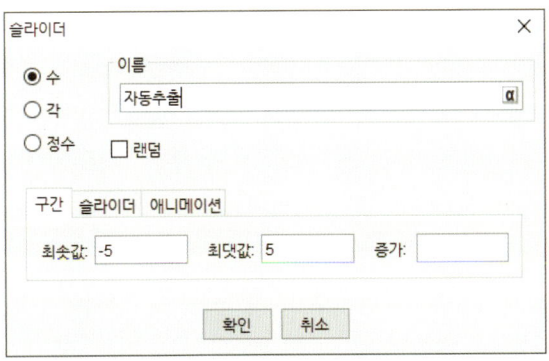

[단계8]   [단계6]에서 만든 슬라이더의 설정사항에서 스크립트 탭에 다음과 같이 입력한 후 확인 버튼을 누른다.

새로고침할 때	전역 자바스크립트
1 마우스클릭실행스크립트(버튼1)	

49

"자동추출" 슬라이더를 선택한 후 키보드의 [Space Bar]를 누르면14) 자동으로 표본이 추출된다. 하지만 슬라이더를 선택하고 [Space Bar]를 누르는 과정을 좀 더 간단히 하기 위해 슬라이더의 애니메이션을 자동으로 시작하고 멈추는 기능을 가진 버튼을 만들어보자.

[단계9]   버튼 [OK] 도구를 이용하여 캡션과 스크립트가 다음과 같은 버튼을 만들어보자.

캡션: 실험 시작
지오지브라 스크립트:
1   애니메이션시작(자동추출 , true)

[단계10]   마찬가지 방법으로 캡션과 스크립트가 다음과 같은 버튼을 만들어보자.

캡션: 실험 일시 중지
지오지브라 스크립트:
1   애니메이션시작(자동추출 , false)

위의 두 버튼을 만든 후에 자동추출 슬라이더는 보이지 않도록 설정한다.

신뢰구간이 모평균을 포함하는 비율을 구해야 한다. 포함비율은 포함횟수를 실험횟수로 나누면 되는데, 지오지브라에서는 이를 분수 꼴(예를 들어, 45/52)로 표현하므로 이를 값으로 주어야 한다. 이렇게 처리하기 위하여 먼저 "포함비율"이라는 수를 만든 후 0으로 값을 설정하고, 표본을 추출하는 기능을 하는 [신뢰구간 실험하기] 버튼의 스크립트에 포함비율을 계산하는 줄을 추가한다.

[단계11]   입력창에 다음을 입력하여 모평균을 포함하는 신뢰구간의 비율을 의미하는 수 "포함비율"을 만들어보자.

입력: 포함비율 = 0

[단계12]   [신뢰구간 실험하기] 버튼의 설정사항에서 스크립트 탭(클릭할 때)의 4번째 줄에 다음과 같이 내용을 추가로 입력해보자.

---

14) 선택한 슬라이더의 애니메이션을 시작하거나 멈추는 기능을 한다.

Chapter 1. 수학학습자료

클릭할 때	새로고침할 때	전역 자바스크립트
1	구성새로고침( )	
2	값설정(실험횟수 , 실험횟수 + 1)	
3	조건(신뢰구간(10) , 값설정(포함횟수 , 포함횟수 + 1))	
4	값설정(포함비율 , 포함횟수 / 실험횟수)	

위와 같이 수정한 후 [신뢰구간 실험하기] 버튼은 보이지 않게 설정한다.

[단계13] 모평균, 모표준편차, 표본의 크기, 신뢰도 등을 바꾸어 처음부터 다시 하는 기능을 가진 버튼을 만들어보자. **버튼** [OK] 도구를 이용하여 캡션과 스크립트가 다음과 같은 버튼을 만들어보자.

캡션:	처음부터 다시 하기
지오지브라 스크립트:	
1	애니메이션시작(자동추출 , false)
2	값설정(실험횟수 , 0)
3	값설정(포함횟수 , 0)
4	값설정(포함비율 , 0)

지오지브라 명령어 사전

- 랜덤정규분포(⟨평균⟩ , ⟨표준편차⟩)
- 수열(⟨표현식⟩ , ⟨변수⟩ , ⟨시작값⟩ , ⟨끝값⟩)
- 평균(⟨원자료의 리스트⟩)
- 값설정(⟨대상⟩ , ⟨대상⟩)
- 마우스클릭실행스크립트(⟨대상⟩)
- 조건(⟨조건⟩ , ⟨조건이 성립될 때 만들 대상⟩)
- Z평균추정(⟨표본 자료의 리스트⟩ , ⟨σ⟩ , ⟨신뢰도⟩)
  Z평균추정(⟨표본평균⟩ , ⟨σ⟩ , ⟨표본의 크기⟩ , ⟨신뢰도⟩)

수업활동

1. 모집단의 평균을 100, 표준편차를 15, 표본의 크기를 49로 바꾸고, 신뢰도 99%의 신뢰구간을 반복하여 구하는 실험을 1000번 이상 실시하여 모평균을 포함하는 신뢰구간의 비율과 신뢰도를 비교해보고 그 결과를 설명해보자.

2. 신뢰구간을 만들기 위해 입력했던 내용 중에서 1.96을 1.5로 바꾸어 신뢰구간을 반복하여 구하는 실험을 하였을 때, 모평균을 포함하는 신뢰구간의 비율과 입력한 수 1.5와의 관계를 추측해보자.

3. 현실적으로 모평균을 추정하는 상황에서 모표준편차를 알기는 쉽지 않다. 따라서 모표준편차 대신에 표본표준편차를 사용하게 된다. 지오지브라에서는 **표본표준편차** 명령어를 통해 표본표준편차를 구할 수 있다. 입력창에 아래와 같이 입력하여 표본표준편차 s를 만든 후에 이 값을 이용하여 신뢰구간을 반복하여 구하는 실험을 해보자. 모표준편차가 아닌 표본표준편차를 이용할 때에도 모평균을 포함하는 비율이 신뢰도와 비슷한지 확인하고 그 결과를 작성해보자. (모집단의 평균, 표준편차, 표본의 크기, 신뢰도 등은 자유롭게 설정하시오.)

입력: s = 표본표준편차(표본)

4. 정규분포를 따르는 어떤 모집단에서 크기가 100인 표본을 임의추출하였더니 평균이 50이고, 모평균 m에 대한 신뢰도 95%의 신뢰구간이 $[48.04,\ 51.96]$이었다. 이에 대한 학생 A의 설명이 다음과 같다.

> 신뢰구간 $[48.04,\ 51.96]$이 모평균을 포함할 확률이 0.95이다.
> 즉, $P(48.04 \leq m \leq 51.96) = 0.95$이다.

학생 A의 설명을 비판해보자.

5. 모평균이 10, 모표준편차가 5인 정규분포를 따르는 모집단에서 크기가 64인 표본을 네 번 임의추출하여 네 개의 표본평균 $\bar{x}_1, \bar{x}_2, \bar{x}_3, \bar{x}_4$를 얻었다. 이 네 개의 표본평균으로 얻은 네 개의 구간

$$\left[\bar{x}_n - 1.96 \times \frac{5}{8},\ \bar{x}_n + 1.96 \times \frac{5}{8}\right] (단,\ n = 1,\ 2,\ 3,\ 4)$$

이 그림과 같았다. 어떤 것이 모평균에 대한 신뢰도 95%의 신뢰구간인지 찾고, 그 이유를 설명해보자. (단, Z는 표준정규분포를 따르는 확률변수이며, $\mathrm{P}(|Z| \leq 1.96) = 0.95$로 계산한다.)

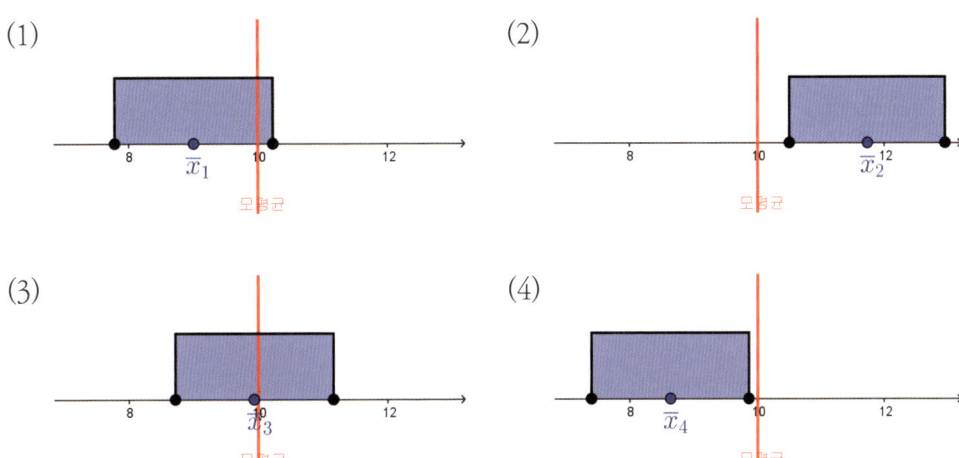

지도상의 유의점

- 신뢰도의 의미를 확률적 의미가 아니라 빈도적 의미임을 이해할 수 있도록 지도한다.
- 모평균을 포함하지 않더라도 신뢰구간이라는 표현을 사용함을 이해할 수 있도록 지도한다.
- 입력창에 명령어를 입력하는 과정이 꽤 오래 걸리기 때문에 학생의 수준에 따라 입력하는 과정이 필요하다고 생각되지 않을 때는 완성된 자료를 실험하는 데에 수업의 초점을 맞추는 것도 좋다.

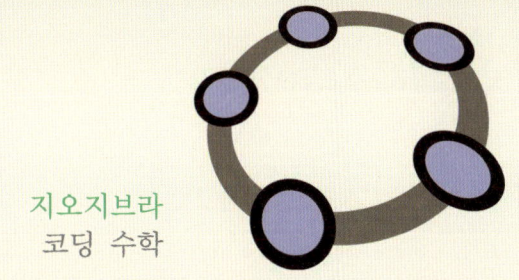

지오지브라
코딩 수학

Chapter 2
창의적 체험활동 탐구과제

1. 복소수 계산기

지오지브라의 연산 기능과 명령어를 이용하여 복소수 계산기를 만드는 활동은 학생들에게 복소수의 연산 절차를 명료화하고 그 과정을 일반화하는 경험을 제공한다. 그리고 학생들이 복소수 연산 절차를 변수를 이용하여 표현하고 이것을 알고리즘을 통해 구성함으로써 대수적 사고와 컴퓨팅 사고를 기를 수 있다.

활동명	복소수 계산기
영역	문자와 식
활동 목표	복소수 연산 절차와 알고리즘을 활용하여 복소수 계산기를 만드는 스크립트를 구성할 수 있다.
활동 과제	• 분수 계산기 • 복소수 계산기
관련 성취기준	[10수학01-05] 복소수의 뜻과 성질을 이해하고 사칙연산을 할 수 있다.

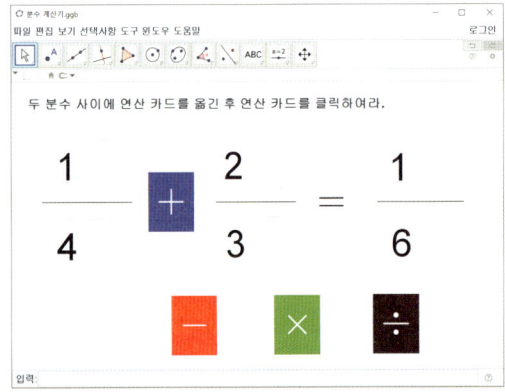

1.1 분수 계산기

분수 계산기는 복소수 계산기를 구성하기 전 사전 과제로 실행할 수 있는 활동이다. 분수 계산기를 만드는 과정을 통해 학생들은 대수 연산에 대한 개념을 이해하고 연산에 필요한 구성 요소와 지오지브라 명령어를 이해할 수 있다.

구성단계

[단계1] 입력창에 다음을 입력하여 변수 a를 만들어보자. 같은 방법으로 b, c, d, e, f 도 만들어보자.

> 입력: a = 1

[단계2] **입력상자** 도구를 이용하여 변수 a, b, c, d, e, f를 입력받을 수 있는 입력상자를 만들어보자. 이때 모든 입력상자는 **레이블 보이기** 해제, **입력상자 길이**는 '2', **텍스트**는 '매우 크게'로 설정한다.

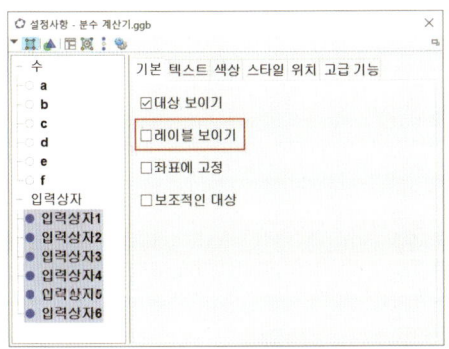
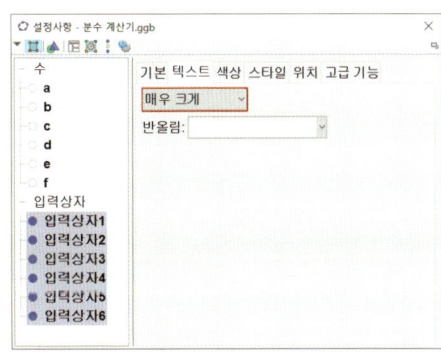
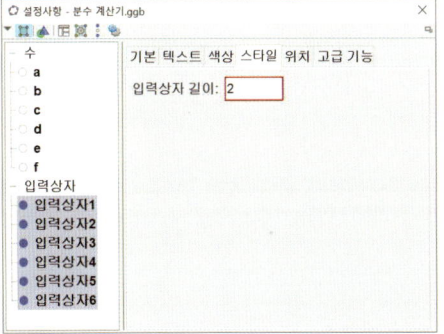

지오지브라 코딩 수학

[단계3]   **선분** 도구를 이용하여 그림과 같이 분수 기호를 만들고 **텍스트** ABC 도구를 이용하여 등호 기호를 만들어보자. 분수 계산기 형태를 위해 분수 기호, 등호 기호, 입력상자를 그림과 같이 배치한다. 이때 입력상자는 $\frac{b}{a}\ \frac{d}{c}=\frac{f}{e}$가 되도록 한다.

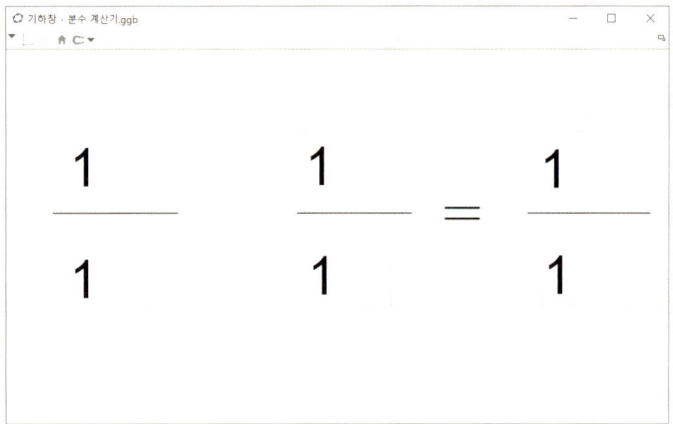

[단계4]   **텍스트** ABC 도구를 사용하여 "+" 연산카드를 만들어보자. 이때 LaTeX 수식을 체크한다. 동일한 방법으로 "-", "×", "÷" 연산카드도 만들어보자.

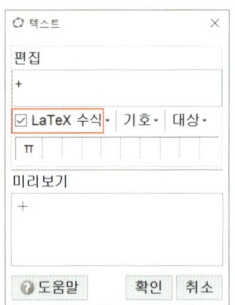

Chapter 2. 창의적 체험활동 탐구과제

[단계5]   "+" 연산카드의 **텍스트**는 '매우 크게', 배경색은 '파랑', 글자색은 '흰색'으로 설정사항을 변경한다. 나머지 연산카드의 설정도 함께 변경하여 그림과 같은 네 개의 연산카드를 만들어보자.

[단계6]   "+" 텍스트의 설정사항에서 스크립트 탭을 눌러 분수의 덧셈 연산을 실행하는 스크립트를 다음과 같이 작성해보자.

클릭할 때	새로고침할 때	전역 자바스크립트
1	값설정(e , a*c)	
2	값설정(f , a*d+b*c)	
⋮	⋮	

[단계7] "+" 텍스트를 눌러 [단계6]의 스크립트를 실행하면 그림과 같이 덧셈 결과가 약분이 되지 않고 나타나는 것을 볼 수 있다. 분수 덧셈의 결과가 기약분수가 되도록 스크립트를 추가해보자.

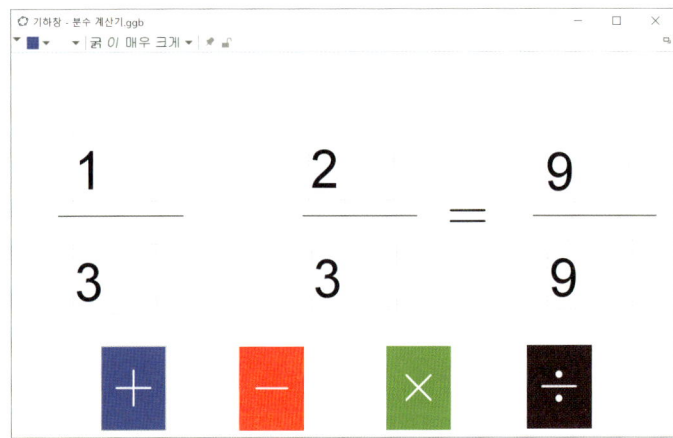

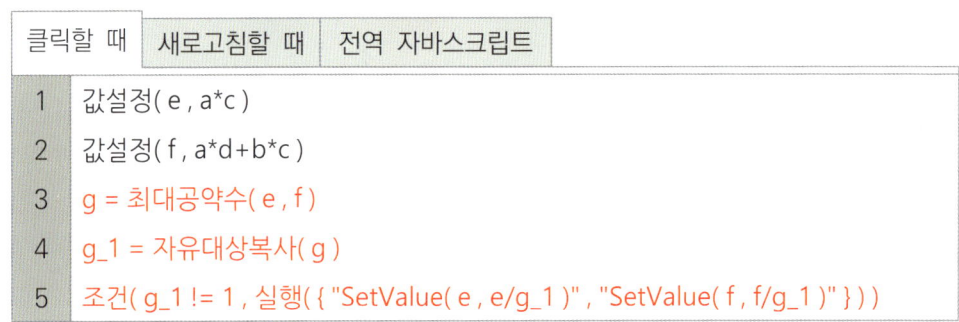

[단계8] "+" 텍스트를 눌러 [단계7]의 스크립트를 실행하면 그림과 같이 기약분수가 나타나는 것을 확인할 수 있다.

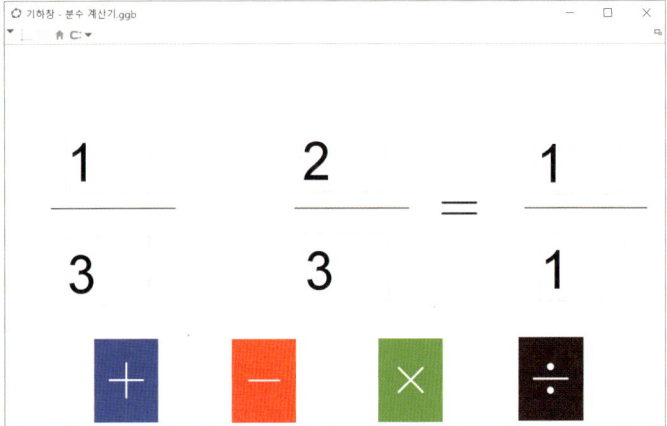

[단계9] 텍스트 ABC 도구를 사용하여 그림과 같이 완성해보자.

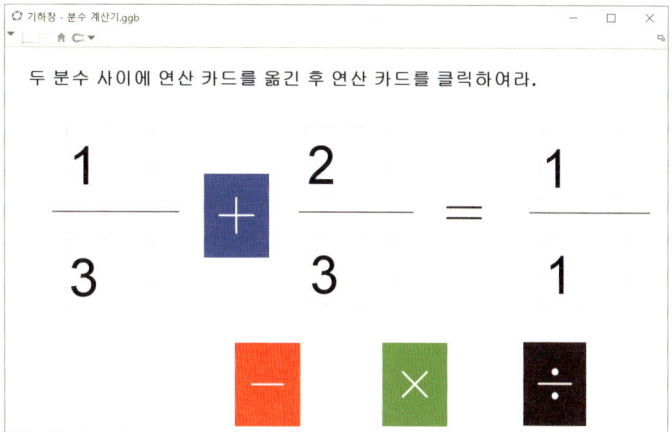

도전! 분수의 "−", "×", "÷" 연산 스크립트를 입력하여 분수 계산기를 완성해보자.

지오지브라 코딩 수학

1.2 복소수 계산기

복소수 계산기는 학생들이 지오지브라 명령어를 이용하여 복소수의 연산 과정을 변수를 사용하여 스스로 구성하는 활동이다. 이 활동은 학생들에게 연산에 대한 깊이 있는 이해와 함께 대수 구조를 파악할 수 있는 경험을 제공한다.

구성단계

[단계1]   입력창에 다음을 입력하여 변수 a를 만들어보자. 같은 방법으로 b, c, d도 만든다. 이때, 변수 a, b, c, d는 복소수 $a+bi$, $c+di$를 나타내는 실수 변수이다.

입력: a = 1

[단계2]   **입력상자** a=1 도구를 이용하여 변수 a, b, c, d를 입력받을 수 있는 입력상자를 만들어보자. 이때 모든 입력상자는 **레이블 보이기** 해제, 스타일 탭에서 **입력상자 길이**는 '3', 텍스트는 '크게'로 설정한다.

[단계3]   **텍스트** ABC 도구를 사용하여 그림과 같이 "$z_1 =$"을 만들어보자. 이때, LaTeX 수식은 체크한다. 같은 방법으로 "$z_2 =$", "$+$", "i"도 만들어보자.

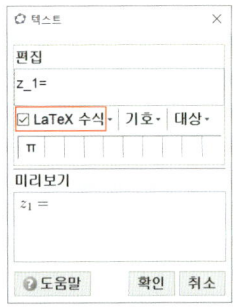

[단계4] 입력상자와 텍스트를 그림과 같이 배치한다. 이때 입력상자는 $z_1 = a + bi$, $z_2 = c + di$가 되도록 배치한다.

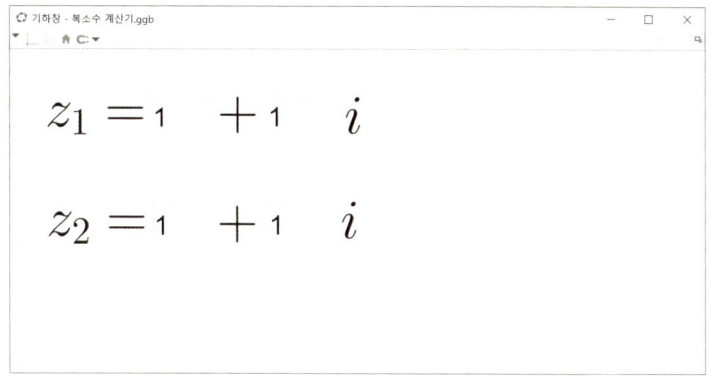

[단계5] **텍스트** ABC 도구를 사용하여 "+" 연산카드를 만들어보자. 이때 LaTeX 수식을 체크한다. 동일한 방법으로 "-", "×", "÷" 연산카드도 만들어보자.

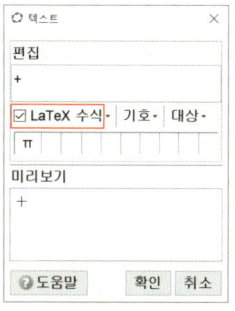

[단계6] "+" 연산카드의 **텍스트**는 '매우 크게', **배경색**은 '파랑', **글자색**은 '흰색'으로 설정사항을 변경한다. 나머지 연산카드의 설정도 함께 변경하여 그림과 같은 네 개의 연산카드를 만들어보자.

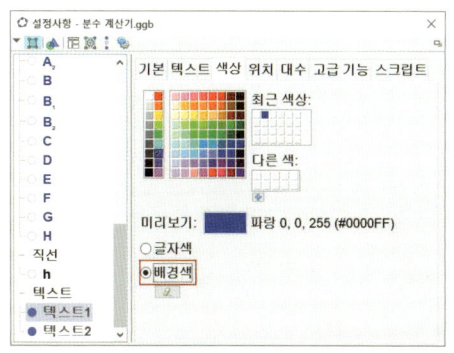 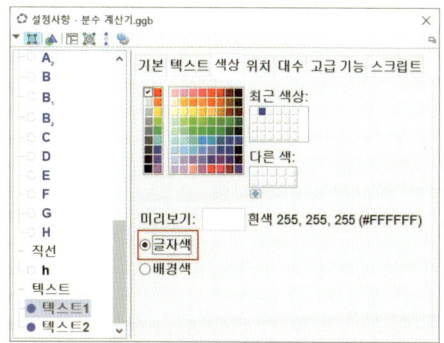

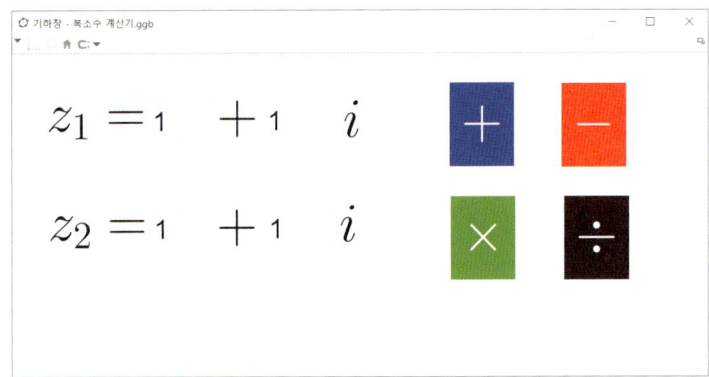

[단계7]   "+" 텍스트의 설정사항에서 스크립트 탭을 눌러 복소수의 덧셈 연산을 실행하는 스크립트를 다음과 같이 작성해보자.

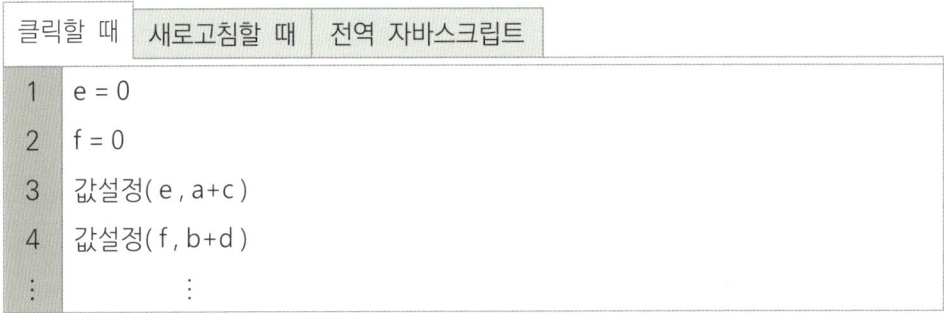

[단계8]   **텍스트** 명령어를 사용하여 복소수의 덧셈 결과를 화면에 나타내는 스크립트를 작성해보자. 이때 $(3, 1)$은 텍스트가 나타날 위치의 좌표를 의미하며, 기하창의 위치를 고려하여 텍스트의 좌표를 결정한다.

| 5 | T = 텍스트("z_1+z_2 ="+ e + "+" + f + "i" , (3 , 1) , true , true) |
| ⋮ | ⋮ |

[단계9] 한편, 복소수의 덧셈에서 실수부나 허수부가 음수일 경우 다음과 같은 결과가 나타난다. 만약 $z_1 + z_2 = 3 - 3i$와 같은 표현이 나타나기 위해서는 스크립트를 수정해야 한다.

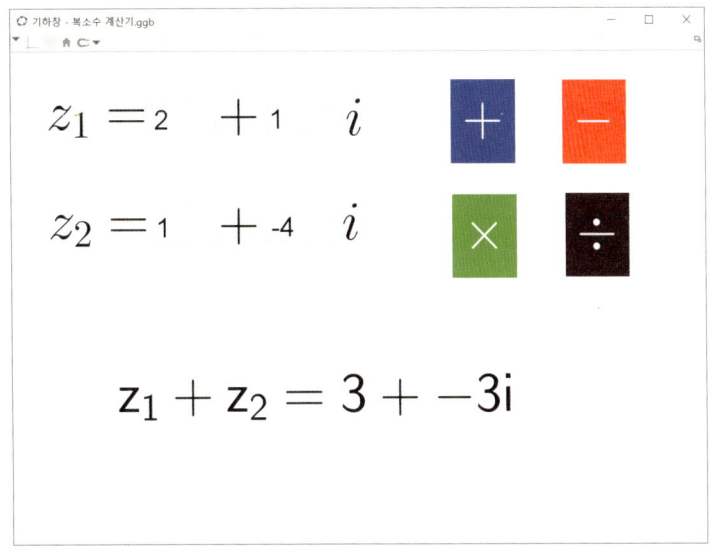

[단계10] 일반적으로 사용하는 복소수의 표현법에 맞게 표기되기 위해서 선택적으로 스크립트를 다음과 같이 수정할 수도 있다.

5	T = ""
6	조건(f > 0 , 값설정(T , 텍스트("z_1 + z_2 =" + e + "+" + f + "i" , (3 , 1) , true , true)) , 값설정(T , 텍스트("z_1 + z_2 =" + e + f + "i" , (3 , 1) , true , true)))
7	조건(e == 0 , 값설정(T , 텍스트("z_1 + z_2 =" + f + "i" , (3 , 1) , true , true)))
8	조건(f == 1 , 조건(e == 0 , 값설정(T , 텍스트("z_1 + z_2 =" + "i" , (3 , 1) , true , true)) , 값설정(T , 텍스트("z_1 + z_2 =" + e + "+" + "i" , (3 , 1) , true , true))))
9	조건(f == 0 , 값설정(T , 텍스트("z_1 + z_2 =" + e , (3 , 1) , true , true)))

지오지브라 코딩 수학

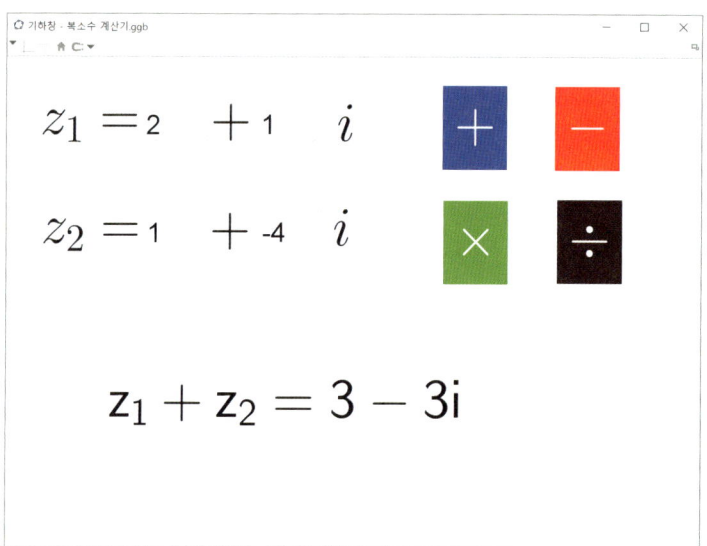

도전!
복소수의 "−", "×", "÷" 연산 스크립트를 입력하여 복소수 계산기를 완성해보자.

지도상의 유의점

- 복소수 표현을 나타내는 스크립트보다 복소수의 연산 절차를 구성하는 스크립트에 중점을 두고 지도한다.
- 학생들이 스스로 연산에 필요한 구성요소를 변수로 설정하고 변수 사이의 관계를 찾을 수 있도록 지도한다.

Chapter 2. 창의적 체험활동 탐구과제

2. 수학으로 음악하기

학생들이 삼각함수의 최댓값, 최솟값, 주기를 학습할 때 단순히 함수식의 형태에 따라 기계적으로 암기하는 경우가 많다. 이 활동은 삼각함수의 주기와 음계 간의 상관관계를 파악하고 이를 활용하여 자신만의 음악을 연주함으로써 삼각함수의 그래프를 탐구할 수 있는 자료이다.

활동명	수학으로 음악하기
영역	함수
활동 목표	사인함수와 코사인함수의 그래프를 이해하고, 이를 활용하여 음악연주 프로그램을 만들 수 있다.
활동 과제	• 피아노 • 노래연주
관련 성취기준	[12수학Ⅰ02-02] 삼각함수의 뜻을 알고, 사인함수, 코사인함수, 탄젠트함수의 그래프를 그릴 수 있다.

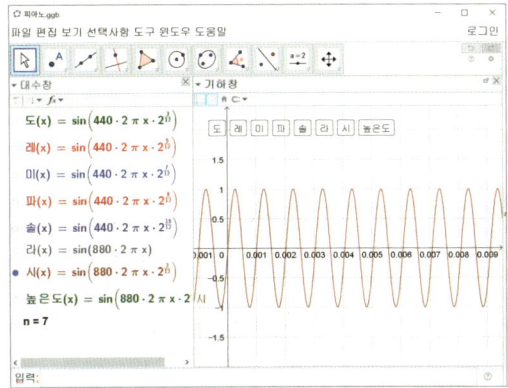
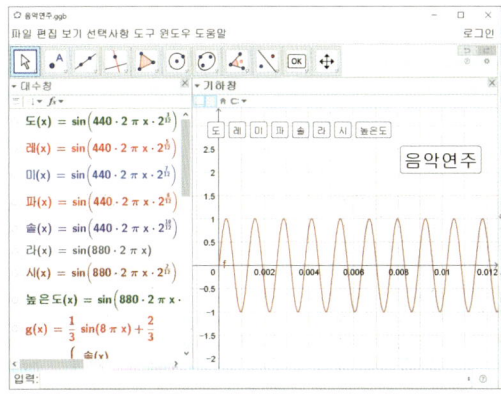

67

2.1 피아노

지오지브라에서 음악을 연주하기 위해서는 소리를 함수로 표현해야 한다. 소리는 진동수에 따른 삼각함수로 표현된다. 피아노로 음악을 연주하기 위하여 음계별 삼각함수를 구해보자.

다음은 국제적으로 정의한 음계별 표준 진동수를 나타낸 것이다.

음계	라	시	도	레	미	파	솔	라	시	도
진동수(Hz)	440	493.9	523.3	587.3	659.3	698.5	784	880	987.8	1046.5

이러한 표준 진동수는 진동수가 1인 음과 2인 옥타브 음 사이에 12개의 음을 똑같이 나눈 평균율에서 계산된 것이다.

음계	도	레	미	파	솔	라	시	도
평균율	1	$2^{\frac{1}{6}}$	$2^{\frac{1}{3}}$	$2^{\frac{5}{12}}$	$2^{\frac{7}{12}}$	$2^{\frac{3}{4}}$	$2^{\frac{11}{12}}$	2

[출처: 네이버 캐스트 수학산책 평균율과 순정률]

각 음계의 평균율로부터 다음 그림과 같이 현재의 표준 진동수가 나타났다.

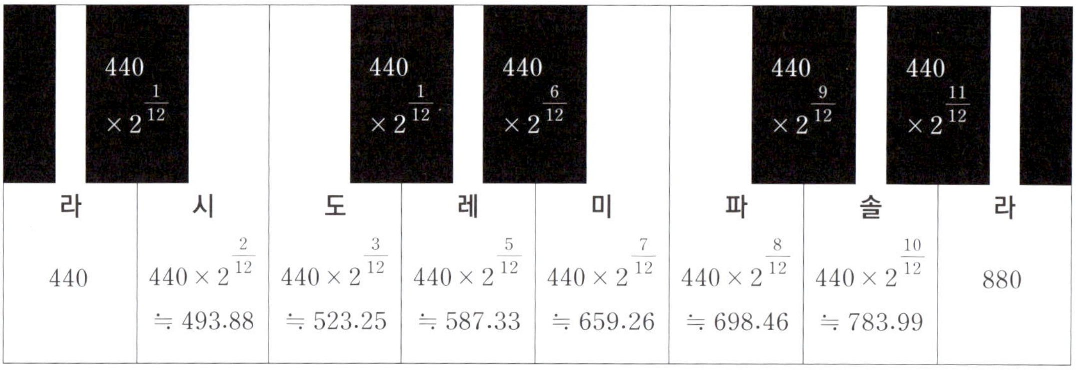

라	시	도	레	미	파	솔	라
440	$440 \times 2^{\frac{2}{12}}$ ≒ 493.88	$440 \times 2^{\frac{3}{12}}$ ≒ 523.25	$440 \times 2^{\frac{5}{12}}$ ≒ 587.33	$440 \times 2^{\frac{7}{12}}$ ≒ 659.26	$440 \times 2^{\frac{8}{12}}$ ≒ 698.46	$440 \times 2^{\frac{10}{12}}$ ≒ 783.99	880

각 음계는 구간 [0, 1]에서 해당 진동수만큼 파장을 나타내기 위해 다음과 같은 진동수를 갖는 삼각함수로 나타낼 수 있다.

음계	진동수(Hz)	함수	음계	진동수(Hz)	함수
라	440	$y = \sin(440 \times 2\pi x)$	파	$440 \times 2^{\frac{8}{12}}$	$y = \sin\left(440 \times 2^{\frac{8}{12}} \times 2\pi x\right)$
시	$440 \times 2^{\frac{2}{12}}$	$y = \sin\left(440 \times 2^{\frac{2}{12}} \times 2\pi x\right)$	솔	$440 \times 2^{\frac{10}{12}}$	$y = \sin\left(440 \times 2^{\frac{10}{12}} \times 2\pi x\right)$
도	$440 \times 2^{\frac{3}{12}}$	$y = \sin\left(440 \times 2^{\frac{3}{12}} \times 2\pi x\right)$	라	880	$y = \sin(880 \times 2\pi x)$
레	$440 \times 2^{\frac{5}{12}}$	$y = \sin\left(440 \times 2^{\frac{5}{12}} \times 2\pi x\right)$	시	$880 \times 2^{\frac{2}{12}}$	$y = \sin\left(880 \times 2^{\frac{2}{12}} \times 2\pi x\right)$
미	$440 \times 2^{\frac{7}{12}}$	$y = \sin\left(440 \times 2^{\frac{7}{12}} \times 2\pi x\right)$	도	$880 \times 2^{\frac{3}{12}}$	$y = \sin\left(880 \times 2^{\frac{3}{12}} \times 2\pi x\right)$

위 삼각함수를 이용하여 지오지브라에서 음악을 연주할 수 있는 피아노를 만들어보자.

피아노를 만들기 위해 필요한 지오지브라 명령어는 다음과 같다.

지오지브라 명령어 사전

- 음악연주(〈함수〉, 〈최솟값〉, 〈최댓값〉)
- 조건(〈조건〉, 〈조건이 성립될 때 만들 대상〉)
- 조건(〈조건〉, 〈조건이 성립될 때 만들 대상〉, 〈성립되지 않을 때 만들 대상〉)

구성단계

[단계1]   입력창에 다음을 입력하여 각 음계에 따른 진동수를 가지는 함수들을 만들어보자. 이때 각 함수의 이름을 해당 음계로 설정하면 구분이 편리하다.[15]

입력: 도(x) = sin(440 2 pi x 2 ^ (3 / 12))

---

[15] 주기가 짧은 함수들을 그래프로 표현할 때, 컴퓨터의 메모리가 많이 소모되어 느려질 수 있다. 따라서 입력창에 함수식을 입력 후 해당 함수를 보이지 않게 하는 것이 좋다.

입력: 레(x) = sin(440 2 pi x 2 ^ (5 / 12))

입력: 미(x) = sin(440 2 pi x 2 ^ (7 / 12))

입력: 파(x) = sin(440 2 pi x 2 ^ (8 / 12))

입력: 솔(x) = sin(440 2 pi x 2 ^ (10 / 12))

입력: 라(x) = sin(880 2 pi x)

입력: 시(x) = sin(880 2 pi x 2 ^ (2 / 12))

입력: 높은도(x) = sin(880 2 pi x 2 ^ (3 / 12))

$$도(x) = \sin\left(440 \cdot 2\pi x \cdot 2^{\frac{3}{12}}\right)$$
$$레(x) = \sin\left(440 \cdot 2\pi x \cdot 2^{\frac{5}{12}}\right)$$
$$미(x) = \sin\left(440 \cdot 2\pi x \cdot 2^{\frac{7}{12}}\right)$$
$$파(x) = \sin\left(440 \cdot 2\pi x \cdot 2^{\frac{8}{12}}\right)$$
$$솔(x) = \sin\left(440 \cdot 2\pi x \cdot 2^{\frac{10}{12}}\right)$$
$$라(x) = \sin(880 \cdot 2\pi x)$$
$$시(x) = \sin\left(880 \cdot 2\pi x \cdot 2^{\frac{2}{12}}\right)$$
$$높은도(x) = \sin\left(880 \cdot 2\pi x \cdot 2^{\frac{3}{12}}\right)$$

[단계2] 버튼 [OK] 도구를 이용하여 다음과 같은 캡션과 스크립트를 가지는 음계 버튼을 만들어보자.

캡션: 도
지오지브라 스크립트:
1 음악연주(도 , 0 , 1)

이때, 버튼을 클릭하면 함수 $도(x) = \sin\left(440 \times 2\pi x \times 2^{\frac{3}{12}}\right)$의 $[0,\ 1]$구간이 1초 간(구간의 길이) 연주된다.

[단계3] 같은 방법으로 나머지 음계 버튼을 모두 만들어보자.16)

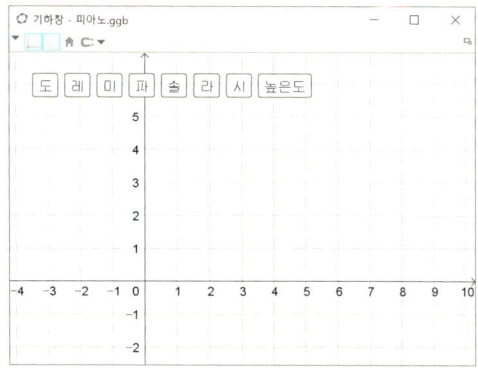

[단계4] 버튼을 클릭할 때마다 해당 함수의 그래프를 확인하기 위해 **슬라이더** 도구를 사용하여 **최솟값** '1', **최댓값** '8', **증가** '1'인 정수 변수 n을 만들어보자.

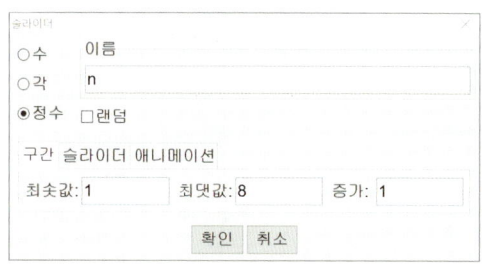

---

16) 버튼은 마우스 오른쪽을 클릭하여 드래그하여 이동할 수 있으며, 기하창의 격자를 활성화하여 대상이 격자에 달라붙으려는 성질을 활용하면 보다 편리하게 배치할 수 있다.

[단계5] 대수창에서 "도(x)" 함수를 선택한 후 설정사항 고급기능 탭에서 대상이 나타나기 위한 조건에 "$n=1$"을 입력하여, n이 1일 때 도(x)함수의 그래프가 나타나도록 설정해보자.

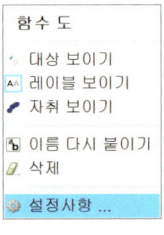

[단계6] 나머지 7개 함수(레, 미, 파, 솔, 라, 시, 높은 도)도 $n=2$부터 $n=8$까지 순차적으로 입력하여 대상이 나타나기 위한 조건을 설정해보자.

[단계7] 음계 그래프를 관찰하기 위하여 x축과 y축의 비율을 조절해보자. 이때 기하창에서 마우스 오른쪽을 클릭하여 x축:y축을 $1:500$으로 선택한 후, 마우스 휠을 조절하여 그림과 같이 음계 그래프 화면을 만든다.

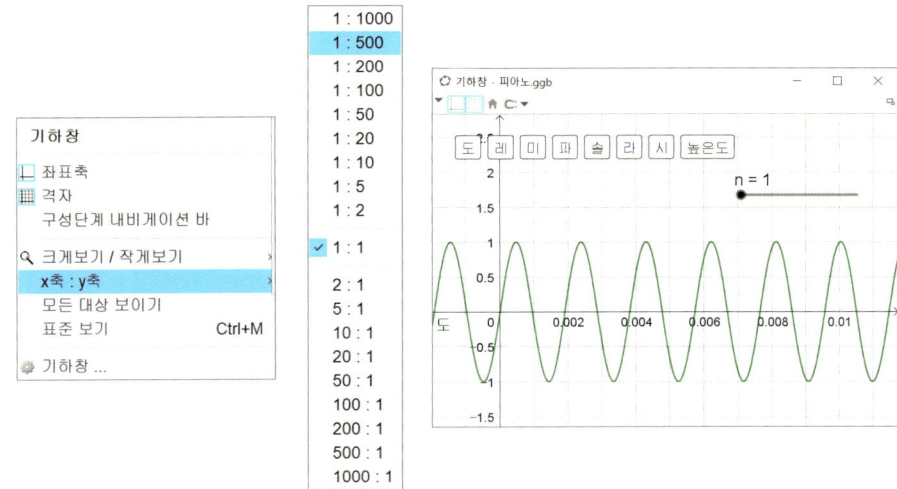

Chapter 2. 창의적 체험활동 탐구과제

[단계8] 다음과 같이 [도] 버튼에 스크립트를 추가하여 버튼을 눌렀을 때 함수의 그래프가 나타날 수 있도록 구성해보자.

클릭할 때	새로고침할 때	전역 자바스크립트
1 음악연주(도 , 0 , 1)		
2 n = 1		

[단계9] 나머지 버튼도 해당 함수와 연계된 n의 값을 스크립트에 추가로 입력해보자.

도전!

다각형 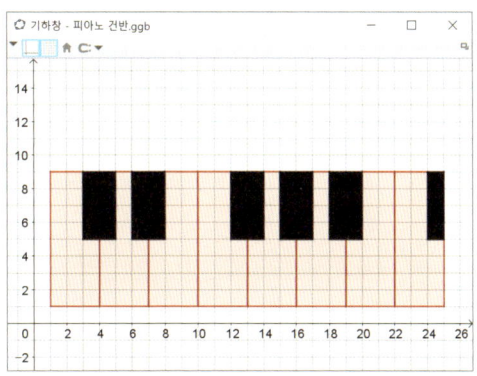 도구를 사용하여 피아노 건반 모양을 만들고 각각의 다각형에 스크립트를 구성하여 피아노 건반을 만들어보자.

2.2 노래연주

음악연주(〈함수〉,〈최솟값〉,〈최댓값〉) 명령어는 입력한 함수의 진동수에 대한 음계를 구간의 길이만큼 연주한다. 이를 활용하여 다양한 진동수를 가지고 있는 여러 가지 함수의 범위를 제한하여 하나의 함수로 구성함으로써 버튼을 일일이 누르지 않고 하나의 노래를 연주할 수 있도록 만들어보자.

구성단계

[단계1]   앞의 활동 **피아노**에서 구성한 음계함수식을 입력하여 음계 함수를 모두 만들어 보자.

[단계2]   연주할 노래의 음계와 음의 길이를 분석해보자. 여기서는 "학교종"을 예로 들어 설명할 것이다. 만약 4분 음표 ♩의 경우 0.5초간 연주한다고 하면 "학교종" 노래에서 시간의 흐름에 따른 음계의 변화는 다음과 같다.

시간	0	0.5	1	1.5	2	2.5	3	3.5	4	4.5	5	5.5	6	6.5	7	7.5	8
음계	솔	솔	라	라	솔	솔	미	~	솔	솔	미	미	레	~	~		

시간	8	8.5	9	9.5	10	10.5	11	11.5	12	12.5	13	13.5	14	14.5	15	15.5	16
음계	솔	솔	라	라	솔	솔	미	~	솔	미	레	미	도	~	~		

Chapter 2. 창의적 체험활동 탐구과제

[단계3] 도입부인 "학교종이"의 경우 각각 0.5초씩 해당하는 음계를 연주하게 만들기 위해서는 네 가지의 함수를 제한된 영역으로 구성하여 하나의 함수를 만들어야 한다. 이때, 다음을 입력하여 함수 $f(x)$를 만들어보자.[17]

입력: f(x) = 조건(0 < x < 0.5 , 솔 , 0.5 < x < 1 , 솔 , 1 < x < 1.5 , 라 , 1.5 < x < 2 , 라)

그리고 다음과 같이 **음악연주** 명령어를 입력하여 연주를 들어보자.

입력: 음악연주(f , 0 , 2)

[단계4] [단계3]의 경우 같은 음이 연속하여 나올 때 음악을 연주하면 구분이 되지 않는다는 것을 알 수 있다. 따라서 한 음을 0.4초 연주하고 각 음 사이에는 0.1초씩의 간격을 두어 음악을 연주하도록 $f(x)$를 수정해보자.

입력: f(x) = 조건(0 < x < 0.4 , 솔 , 0.5 < x < 0.9 , 솔 , 1 < x < 1.4 , 라 , 1.5 < x < 2 , 라)

[단계5] $f(x)$를 다음과 같이 수정하여 "학교종" 노래를 완성해보자.

입력: 조건(0 < x < 0.4 , 솔 , 0.5 < x < 0.9 , 솔 ,
1 < x < 1.4 , 라 , 1.5 < x < 1.9 , 라 ,
2 < x < 2.4 , 솔 , 2.5 < x < 2.9 , 솔 ,
3 < x < 3.9 , 미 , 4 < x < 4.4 , 솔 ,
4.5 < x < 4.9 , 솔 , 5 < x < 5.4 , 미 ,
5.5 < x < 5.9 , 미 , 6 < x < 7.4 , 레 ,
8 < x < 8.4 , 솔 , 8.5 < x < 8.9 , 솔 ,
9 < x < 9.4 , 라 , 9.5 < x < 9.9 , 라 ,
10 < x < 10.4 , 솔 , 10.5 < x < 10.9 , 솔 ,
11 < x < 11.9 , 미 , 12 < x < 12.4 , 솔 ,
12.5 < x < 12.9 , 미 , 13 < x < 13.4 , 레 ,
13.5 < x < 13.9 , 미 , 14 < x < 14.9 , 도)

▶ 대수창

$$f(x) = \begin{cases} 솔(x) & : 0 < x < 0.4 \\ 솔(x) & : 0.5 < x < 0.9 \\ 라(x) & : 1 < x < 1.4 \\ 라(x) & : 1.5 < x < 1.9 \\ 솔(x) & : 2 < x < 2.4 \\ 솔(x) & : 2.5 < x < 2.9 \\ 미(x) & : 3 < x < 3.9 \\ 솔(x) & : 4 < x < 4.4 \\ 솔(x) & : 4.5 < x < 4.9 \\ 미(x) & : 5 < x < 5.4 \\ 미(x) & : 5.5 < x < 5.9 \\ 레(x) & : 6 < x < 7.4 \\ 솔(x) & : 8 < x < 8.4 \\ 솔(x) & : 8.5 < x < 8.9 \\ 라(x) & : 9 < x < 9.4 \\ 라(x) & : 9.5 < x < 9.9 \\ 솔(x) & : 10 < x < 10.4 \\ 솔(x) & : 10.5 < x < 10.9 \\ 미(x) & : 11 < x < 11.9 \\ 솔(x) & : 12 < x < 12.4 \\ 미(x) & : 12.5 < x < 12.9 \\ 레(x) & : 13 < x < 13.4 \\ 미(x) & : 13.5 < x < 13.9 \\ 도(x) & : 14 < x < 14.9 \end{cases}$$

---

[17] x축:y축의 비율을 1:500으로 선택한다.

[단계6]   **버튼** ⬜ 도구를 사용하여 '연주시작' 버튼을 만든 후 음악을 감상해보자.

캡션: 연주시작
지오지브라 스크립트:
1   음악연주(f , 0 , 15)

[단계7]   만약 특정 부분에 비브라토[18]를 넣기 위하여 다음을 입력하여 비브라토를 만드는 함수 $g(x)$를 만들어보자.

입력: | g(x) = 1 / 3 sin(8 pi x) + 2 / 3 |

이때, $g(x) > 0$이므로 이를 각 음계함수와 곱하면 진동수는 변하지 않고 음폭만 바뀌게 되어 음의 떨림이 일어난다. 예를 들어 '도'의 경우 도$(x) \times g(x)$를 입력하면 다음과 같은 그래프를 가지게 된다.

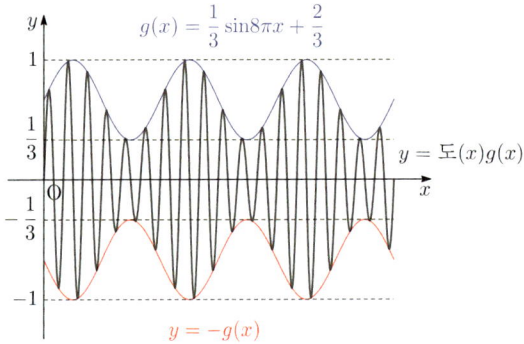

[단계8]   [단계7]을 반영하여 [단계5]에서 입력한 함수식을 변형하면 다음과 같다.

입력: 조건(0 < x < 0.4 , 솔 , 0.5 < x < 0.9 , 솔 , 1 < x < 1.4 , 라 , 1.5 < x < 1.9 , 라 , 2 < x < 2.4 , 솔 , 2.5 < x < 2.9 , 솔 , 3 < x < 3.9 , 미 g , 4 < x < 4.4 , 솔 , 4.5 < x < 4.9 , 솔 , 5 < x < 5.4 , 미 , 5.5 < x < 5.9 , 미 , 6 < x < 7.4 , 레 g , 8 < x < 8.4 , 솔 , 8.5 < x < 8.9 , 솔 , 9 < x < 9.4 , 라 , 9.5 < x < 9.9 , 라 , 10 < x < 10.4 , 솔 , 10.5 < x < 10.9 , 솔 , 11 < x < 11.9 , 미 g , 12 < x < 12.4 , 솔 , 12.5 < x < 12.9 , 미 , 13 < x < 13.4 , 레 , 13.5 < x < 13.9 , 미 , 14 < x < 14.9 , 도 g)

---

[18] 비브라토에 대한 기본 개념은 스크립트 해설을 참고

Chapter 2. 창의적 체험활동 탐구과제

 음계 함수와 비브라토 함수를 활용하여 나만의 음악연주를 만들어보자.

지도상의 유의점

- 각 음계에 따른 파장의 진동수를 학생들에게 알려주고 학생들이 스스로 구간 $[0, 1]$에서 해당 진동수만큼의 주기를 가지는 삼각함수를 찾을 수 있도록 지도한다.
- 피아노 건반을 만드는 경우 처음부터 x축:y축의 비율을 $1:500$으로 만든 후 다각형 도구를 사용하여 피아노 형태를 만들도록 지도한다.

지오지브라 코딩 수학

3. 수학 게임

이 활동은 지오지브라의 다양한 기능과 수학 개념을 활용하여 자신만의 게임을 만드는 활동이다. 학생들은 이전에 학습한 연산, 기하, 대수 등 여러 가지 수학을 사용하여 게임을 설계하고 게임의 요소를 구성한 후 지오지브라 스크립트로 게임에 필요한 버튼을 만든다. 여기서는 수학 게임의 예로 평행이동을 활용한 핑퐁 게임과 부등식 영역을 활용한 뱀꼬리게임을 소개한다.

활동명	수학 게임
영역	기하, 수와 연산, 대수
활동 목표	수학적 개념을 활용하여 수학 게임을 만드는 스크립트를 구성할 수 있다.
활동 과제	• 명령어 익히기 • 핑퐁게임 • 뱀꼬리게임
관련 성취기준	[10수학02-08] 평행이동의 의미를 이해한다. [10수학02-09] 원점, x축, y축, 직선 $y=x$에 대한 대칭이동의 의미를 이해한다. [10수학03-04] 명제와 조건의 뜻을 알고, '모든', '어떤'을 포함한 명제를 이해한다. [12수학Ⅰ03-01] 수열의 뜻을 안다.

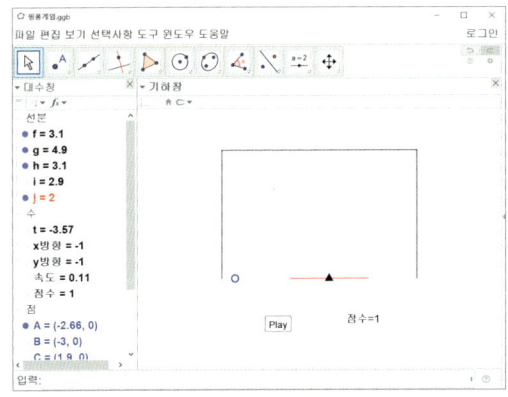 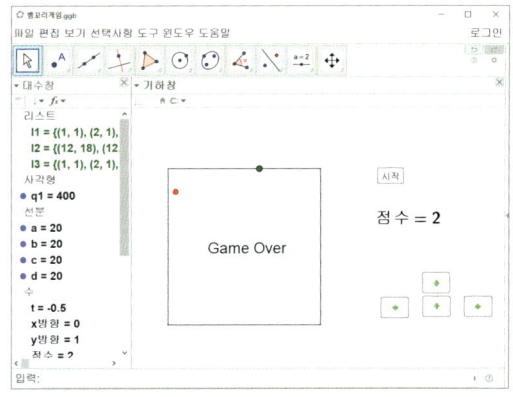

3.1 명령어 익히기

수학 게임에 사용되는 명령어는 다음과 같다.

> **지오지브라 명령어 사전**
> - 값설정(⟨대상⟩, ⟨대상⟩)
> - 조건(⟨조건⟩, ⟨조건이 성립될 때 만들 대상⟩, ⟨성립되지 않을 때 만들 대상⟩)
> - 애니메이션시작(⟨슬라이더 또는 점⟩, ⟨true|false⟩)
> - 제거(⟨리스트⟩ , ⟨리스트⟩)
> - 추가(⟨리스트⟩ , ⟨대상⟩)
> - 리스트단일화(⟨리스트의 리스트⟩)
> - 마지막항(⟨리스트⟩ , ⟨원소의 수⟩)
> - 반복원소제거(⟨리스트⟩)
> - 랜덤원소(⟨리스트⟩)

구성단계

[단계1]   점 도구를 이용하여 기하창에 점 $A(0,0)$를 만든 후, 입력창에 다음을 입력하여 점 A의 값이 $A+(1,2)$로 변경해보자.

> 입력: 값설정(A , A + (1 , 2))

[단계2]   슬라이더 도구를 이용하여 슬라이더 t를 만든 후, 입력창에 다음을 입력하여 점 A의 x의 값이 양수일 때, 슬라이더 t의 애니메이션을 실행시켜보자.

> 입력: 조건(x(A) > 0 , 애니메이션시작(t))

또한, 점 A의 x의 값이 양수일 때, 슬라이더 t의 애니메이션을 중지시켜보자.

> 입력: 조건(x(A) > 0 , 애니메이션시작(t , false))

[단계3]   입력창에 다음을 입력하여 리스트 *l*1과 *l*2를 만들어보자.

입력: l1 = { 1 , 2 , 3 , 3 , 4 ,5 }

입력: l2 = { 1 , 2 , 5 }

[단계4]   **제거** 명령어를 사용하여 *l*1에서 *l*2의 원소를 제거한 리스트 *l*3를 만들어보자.

입력: l3 = 제거(l1 , l2)

[단계5]   리스트 *l*2, *l*3에 대하여 입력창에 다음을 입력하여 *l*2에 *l*3를 원소로 추가한 리스트 *l*4를 만들어보자.

입력: l4= 추가(l2 , l3)

[단계6]   리스트 *l*4 = {1, 2, 5, {3, 3, 4}}에 대하여 입력창에 다음을 입력하여 리스트를 원소로 가지지 않는 리스트 *l*5를 만들어보자.

입력: l5 = 리스트단일화(l4)

[단계7]   리스트 *l*5 = {1, 2, 5, 3, 3, 4}에 대하여 입력창에 다음을 입력하여 마지막 원소 3개를 가지는 리스트 *l*6를 만들어보자.

입력: l6 = 마지막항(l5 , 3)

[단계8]   리스트 *l*6 = {3, 3, 4}에 대하여 입력창에 다음을 입력하여 반복된 원소를 제거해보자.

입력: l7 = 반복원소제거(l6)

[단계9] 리스트 $l1 = \{1, 2, 3, 3, 4, 5\}$에 대하여 입력창에 다음을 입력하여 랜덤으로 원소를 추출해보자.

> 입력: 랜덤원소(l1)

이때 수 a가 생겨나며 Ctrl+R 또는 F9를 누르면 모든 대상 재계산이 실행되어 수 a가 리스트 $l1$의 원소 중 랜덤으로 선택된다.

도전!

점  도구와 슬라이더 도구를 사용하여 점 A와 슬라이더 t를 만들고, 점 A를 좌표평면에서 이동시킬 때, x의 값이 양수이면 슬라이더 t의 애니메이션이 실행되고, x의 값이 음수이면 슬라이더 t의 애니메이션이 중지되도록 만들어보자.

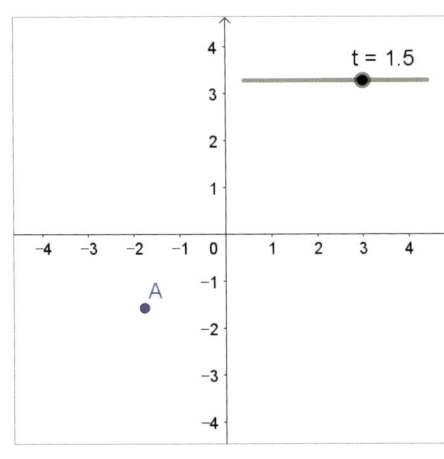
〈애니메이션이 중지된 모습〉

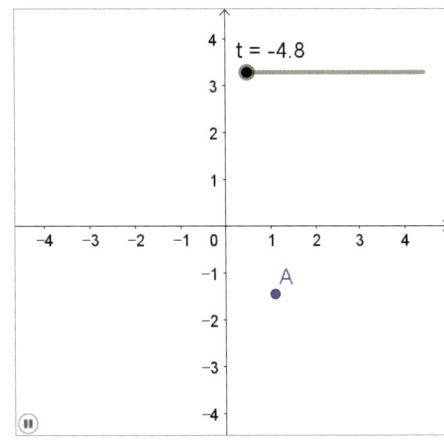
〈애니메이션이 실행되는 모습〉

3.2 핑퐁게임

핑퐁게임은 도형의 평행이동을 사용하여 슬라이더의 애니메이션 기능으로 만드는 역동적인 게임이다. 특히 공이 벽에 부딪히는 각도에 따라 튕긴 공의 움직임을 표현하는 스크립트 구성과정을 통해 다양한 대칭이동에 대해 이해를 심화할 수 있다.

구성단계

[단계1] 점 도구를 사용하여 핑퐁게임에서 공 역할을 하게 될 임의의 점 A를 만들어보자. 이때, 이해를 돕기 위해 점 A를 (1, 1)이라 하자.

[단계2] 핑퐁게임의 틀을 만들기 위해 입력창에 좌표를 입력하여 $B(-3, 0)$, $C(1.9, 0)$, $D(1.9, 3.1)$, $E(-3, 3.1)$를 만들어보자.[19]

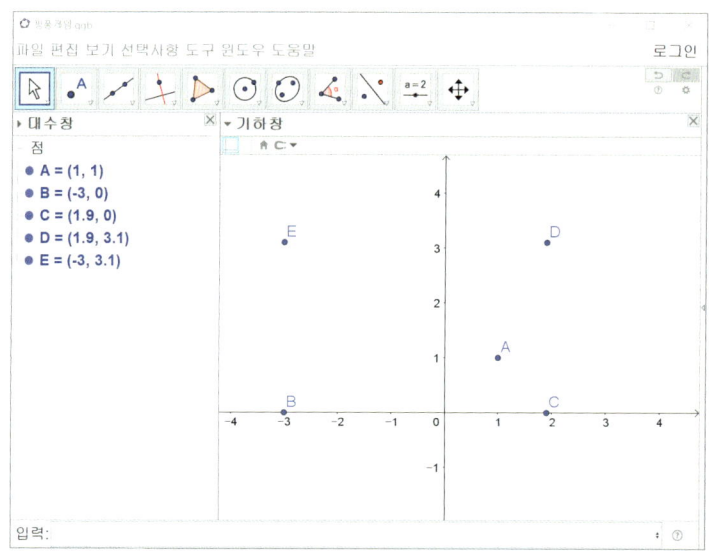

---

[19] 각 점을 자연수의 순서쌍으로 만들게 되면 핑퐁게임이 진행될 때 공의 움직임이 동일한 패턴으로 반복되므로 소수 또는 무리수가 포함되도록 설정하는 것이 좋다.

Chapter 2. 창의적 체험활동 탐구과제

[단계3] 선분  도구를 사용하여 선분 BE, ED, DC를 만든다.

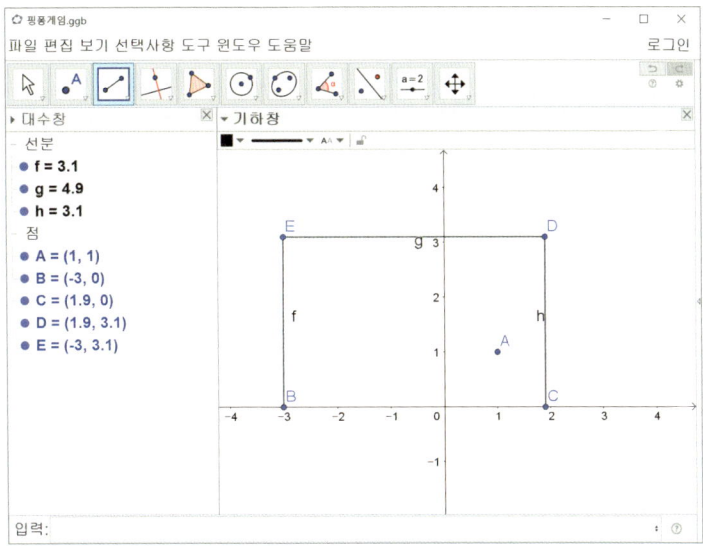

[단계4] 핑퐁게임에서 공을 받쳐주는 막대를 표현하기 위해 점 B와 점 C사이에 다음과 같이 선분 i를 만들어보자. 이 선분은 이후 공 받침 막대의 레일가드 역할을 수행할 것이다.

입력: i = 선분(B + (1 , 0) , C + (-1 , 0))

[단계5] 기하창의 스타일 바를 활용하여 좌표축을 숨긴다.

[단계6] 점 도구를 사용하여 선분 i위에 점 F를 만들어보자.

[단계7] 점 F가 움직일 때마다 함께 움직이는 공 받침 막대를 만들기 위해 다음과 같이 입력하여 점 F를 중점으로 하는 선분 j를 만들어보자.

입력: j = 선분(F + (-1 , 0) , F + (1 , 0))

83

[단계8]   선분 j와 선분 BE, ED, DC의 스타일을 기호에 맞게 변형한다. 또한, 선분 i를 대상 보이기를 해제하고, 모든 선분의 이름(레이블)을 숨긴다.

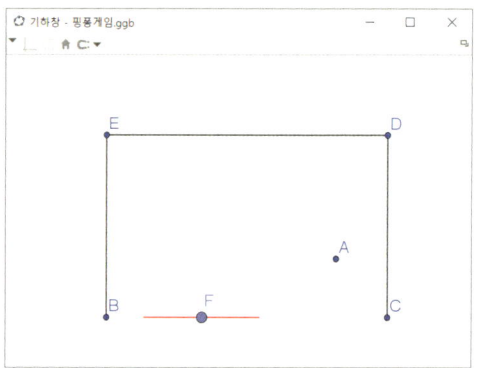

[단계9]   슬라이더 도구를 선택한 후 기하창을 클릭하여 슬라이더 t를 만들어보자.[20]

[단계10] 슬라이더 도구를 사용하여 점 A의 움직임 방향을 결정해주기 위해 "x방향", "y방향"이라는 정수 변수를 만들어보자. 이때 두 변수 모두 **최솟값** '-1', **최댓값** '1', **증가** '1'로 설정한다.

---

[20] 이후 슬라이더에 스크립트를 구성하여 t의 값이 변할 때마다 점 A가 움직이도록 할 것이다. 따라서 변수의 최솟값, 최댓값, 증가를 얼마로 정할 것인가는 의미가 없다.

[단계11] **슬라이더** [a=2] 도구를 사용하여 공 받침막대가 공(점 A)을 받아낼 때마다 공이 점점 더 빨라질 수 있도록 "속도" 변수를 만들어보자. 이때 변수의 **최솟값** '0', **최댓값** '1', **증가** '0.01'로 설정한다.

[단계12] **슬라이더** [a=2] 도구를 사용하여 공 받침막대가 공(점 A)을 받아낼 때마다 점수가 올라갈 수 있도록 "점수" 변수를 만들어보자. 이때 변수의 **최솟값** '0', **최댓값** '100', **증가** '1'로 설정한다.

[단계13] [단계9]~[단계12]에서 만든 슬라이더 다섯 개는 기하창에서 **대상 보이기**를 해제한다.

[단계14] 슬라이더 *t*의 설정사항 스크립트 탭에서 **새로고침할 때**를 누른 후 다음과 같이 스크립트를 구성해보자.

새로고침할 때	전역 자바스크립트
1	값설정(A , A + (x방향 , y방향) * 속도)
2	조건(x(A) <= x(B) , 값설정(x방향 , 1))
3	조건(x(A) >= x(C) , 값설정(x방향 , -1))
4	조건(y(A) >= y(E) , 값설정(y방향 , -1))
5	조건(y(A) <= y(B) , 조건(x(F) - 1 <= x(A) <= x(F) + 1 , 값설정(y방향 , 1) , 애니메이션시작(t , false)))
6	조건(y(A) <= y(B) , 조건(x(F) - 1 <= x(A) <= x(F) + 1 , 값설정(속도 , 속도 + 0.01)))
7	조건(y(A) <= y(B) , 조건(x(F) - 1 <= x(A) <= x(F) + 1 , 값설정(점수 , 점수 + 1)))

[단계15] 버튼 OK 도구를 이용하여 게임이 시작되도록 하는 "play" 버튼을 만들어보자.

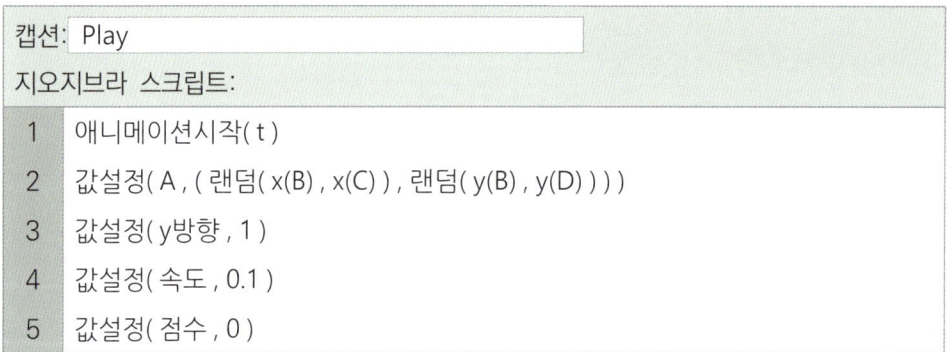

[단계16] 텍스트 ABC 도구를 사용하여 "점수="을 입력하고 대상에서 슬라이더로 만든 "점수"를 선택하여 "점수"의 값이 텍스트에서 나타날 수 있도록 만들어보자.

[단계17] 점 B, C, D, E의 대상 보이기를 해제한다. 점 A, F는 이름(레이블)을 보이지 않게 처리하고, 스타일을 기호에 맞게 변형하여 게임을 완성해보자.

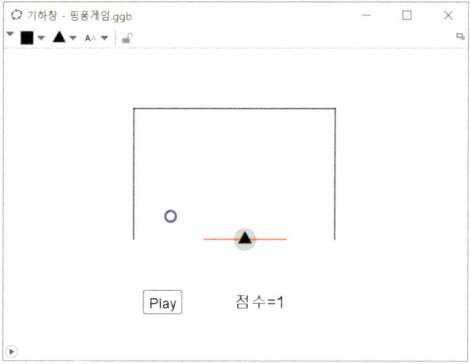

도전! 위에서 만든 핑퐁게임은 공이 벽에 부딪히는 입사각[21]이 45°로 설정되어 있다. 이러한 입사각을 좌우 벽에는 30°, 위쪽 벽에는 60°가 되도록 바꾸어 보도록 하자.

---

21) 어떤 평면에 파동이 들어오는 것을 입사라 하고, 이때 그 평면의 법선과 입사하는 파동의 방향이 이루는 각도를 입사각이라 한다.

3.3 뱀꼬리게임

뱀꼬리게임은 지오지브라의 수열 명령어와 조건 명령어를 활용하여 대수적이고 논리적인 성질과 기하학적인 대상을 결합하여 만든다. 특히 평행이동과 부등식의 영역에 대한 이해를 바탕으로 스크립트를 구성하는 과정에서 분석적인 사고능력을 기를 수 있다.

구성단계

[단계1] 뱀꼬리 게임의 틀을 만들기 위해 **다각형** 도구를 사용하여 $A(0, 0)$, $B(20, 0)$, $C(20, 20)$, $D(0, 20)$에 점을 찍고 다시 점 A를 찍어 정사각형 $q1$을 만들어보자.

[단계2] 기하창의 스타일 바를 활용하여 색상은 '검정', 불투명도는 '0'으로 정사각형 $q1$의 설정사항을 변경해보자.

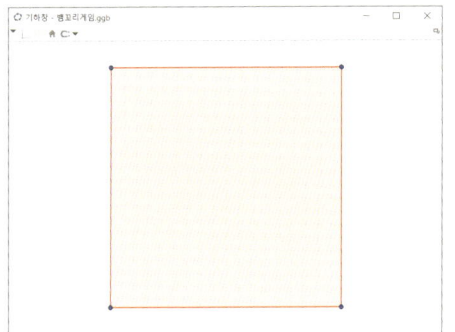 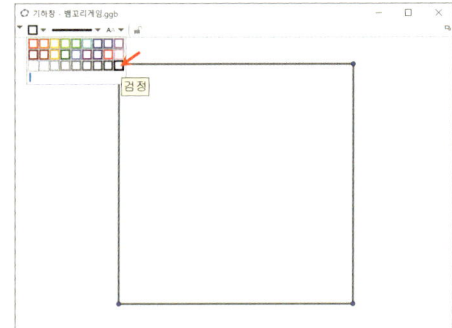

[단계3] 점 도구를 사용하여 사각형 틀 안에 뱀의 머리가 될 점 E와 먹이가 될 점 F를 만들어보자.

[단계4] **슬라이더** 도구를 사용하여 점 E가 움직임을 결정할 슬라이더 "t"를 만들어 보자. 이때 t의 증가속도에 따라 점 E의 이동속도가 결정되므로, **증가** 0.1로 설정한다.

Chapter 2. 창의적 체험활동 탐구과제

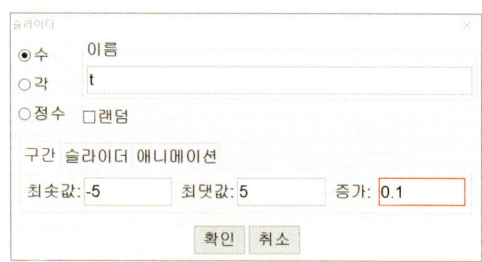

[단계5] **슬라이더** ⌞a=2⌟ **도구**를 사용하여 점 A의 움직임 방향을 결정해주기 위해 "x방향", "y방향"이라는 정수 변수를 만들어보자. 이때 두 변수 모두 **최솟값** '−1', **최댓값** '1', **증가** '1'로 설정한다.

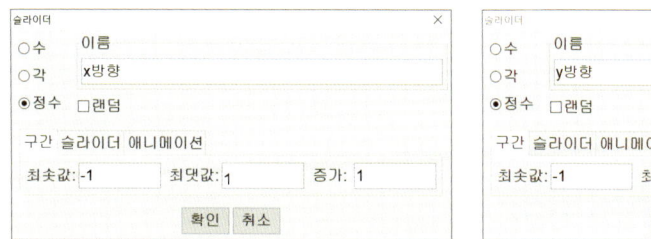
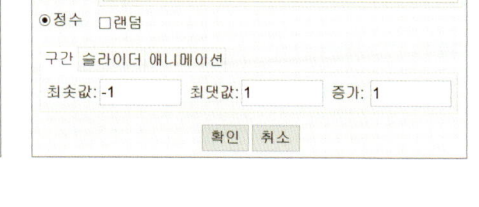

[단계6] **슬라이더** ⌞a=2⌟ **도구**를 사용하여 뱀의 머리인 점 E가 먹이인 점 F와 만날 때마다 점수가 올라갈 수 있도록 "점수" 변수를 만들어보자. 이때 변수의 **최솟값** '0', **최댓값** '100', **증가** '1'로 설정한다.

[단계7] **버튼** ⌞OK⌟ 도구를 사용하여 다음과 같이 버튼 4개를 만들어보자. 이때 캡션과 지오지브라 스크립트를 입력하지 않은 상태에서 확인을 선택한다.

지오지브라 코딩 수학

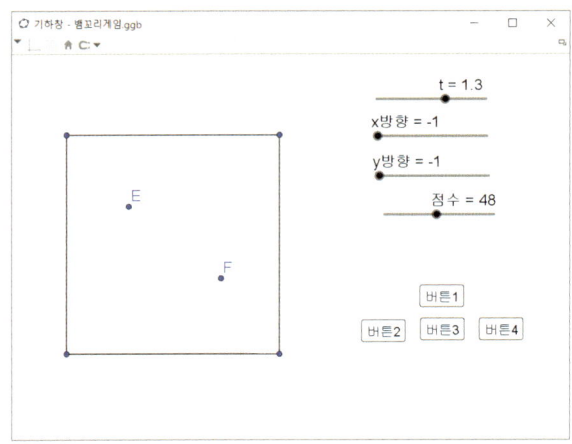

[단계8] 버튼의 설정사항 스타일 탭에서 그림을 화살표(⇦⇧⇨⇩)로 선택하여 다음과 같이 만들어보자. 이때 버튼의 크기가 작다면 스타일 탭에 '☑고정 폭'을 선택하여 폭 '72'과 높이 '52'로 조절한다.

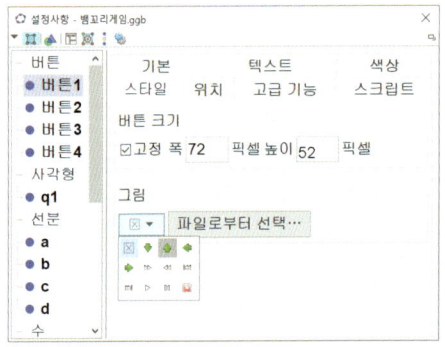 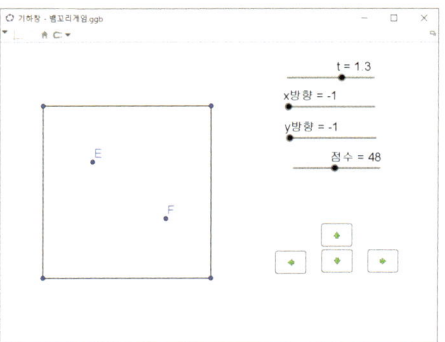

[단계9] 각 버튼에 다음과 같이 입력하여 점 E를 움직이는 버튼을 만들어보자.

버튼	스크립트	버튼	스크립트
⇧	1 값설정(x방향 , 0) 2 값설정(y방향 , 1)	⇦	1 값설정(x방향 , -1) 2 값설정(y방향 , 0)
⇩	1 값설정(x방향 , 0) 2 값설정(y방향 , -1)	⇨	1 값설정(x방향 , 1) 2 값설정(y방향 , 0)

[단계10] 점 E가 사각형 틀 안에 자연수인 순서쌍을 가지는 점들 위를 움직이도록 설정하기 위해 다음을 입력하여 리스트 *l*1을 만들어보자.

입력: 리스트단일화(수열(수열((a , b) , a , 1 , 19) , b , 1 , 19))

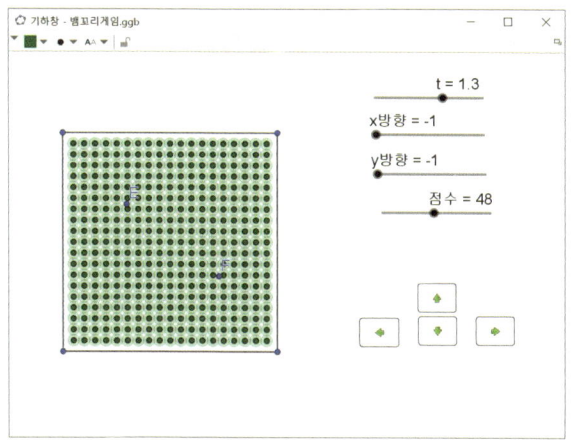

[단계11] 뱀의 머리인 점 E가 움직일 때마다 지나는 모든 자연수 순서쌍을 뱀의 꼬리가 되게 하는 리스트 *l*2를 만들어보자.

입력: l2 = { }

[단계12] 먹이인 점 F는 뱀의 꼬리가 될 점들의 집합인 리스트 *l*2 이외의 점들을 랜덤으로 형성하기 위해서 다음과 같이 리스트 *l*3를 만들어보자.

입력: l3 = 제거(l1 , l2)

[단계13] 슬라이더 *t*의 설정사항 슬라이더 탭에서 점수가 증가할 때마다 뱀 머리가 빠르게 이동시키도록 애니메이션 속도를 $0.1 \times (점수 + 1)$로 설정해보자.

[단계14] 슬라이더 t의 설정사항 스크립트 탭에서 **새로고침할 때**에 다음과 같이 입력하여 스크립트를 완성해보자.

새로고침할 때	전역 자바스크립트
1	값설정(E , E + (x방향 , y방향))
2	조건(x(E) >= x(B) , 애니메이션시작(t , false))
3	조건(x(E) <= x(A) , 애니메이션시작(t , false))
4	조건(y(E) >= y(C) , 애니메이션시작(t , false))
5	조건(y(E) <= y(A) , 애니메이션시작(t , false))
6	값설정(l2 , 추가(l2 , E))
7	값설정(l2 , 마지막항(l2 , 점수 + 1))
8	조건(l2 != 반복원소제거(l2) , 애니메이션시작(t , false))
9	조건(E == F , 값설정(점수 , 점수 + 1))
10	조건(E == F , 값설정(F , 랜덤원소(l3)))

[단계15] 버튼 OK 도구를 사용하여 "시작" 버튼을 만들어보자.

캡션: 시작	
지오지브라 스크립트:	
1	값설정(F , 랜덤원소(l3))
2	값설정(E , (10 , 10))
3	값설정(x방향 , 0)
4	값설정(y방향 , 1)
5	점수 = 0
6	l2 = { }
7	애니메이션시작(t)

[단계16] **텍스트** ABC 도구를 사용하여 "점수="을 입력하고 대상에서 "점수"를 선택하여 뱀 머리인 점 E가 먹이인 점 F와 만날 때마다 점수가 올라갈 수 있도록 만들어보자.

[단계17] **텍스트** ABC 도구를 사용하여 게임이 끝날 때 나타날 문구를 만들어보자.

[단계18] 게임이 끝이 나면 Game Over라는 텍스트가 나타나도록 하기 위해서 "Game Over" 텍스트의 설정사항 고급기능 탭에서 대상이 나타나기 위한 조건에 다음과 같이 입력해보자.

┌─대상이 나타나기 위한 조건─────────────────────────┐
│ x(E) ≥ x(B) ∨ x(E) ≤ x(A) ∨ y(E) ≥ y(C) ∨ y(E) ≤ y(A) ∨ l2 ≠ 반복원소제거(l2) │
└─────────────────────────────────────┘

이때 수식기호는 입력창 우측의 α 를 클릭한 후 찾아 사용하거나 다음과 같이 입력할 수 있다.

기호	∨	∧	≠
입력방법	&&	||	!=

[단계19] 점 A, B, C, D와 슬라이더 t, x방향, y방향, 점수 및 리스트 $l1$, $l3$를 대상 숨기기하고, 점 E, F와 변 a, b, c, d의 이름을 숨긴다. 그밖에 점과 테두리, 텍스트를 자신의 스타일대로 꾸민 후 게임을 완성해보자.

지도상의 유의점

- 슬라이더 t의 속도의 경우 학생들이 자유롭게 설정할 수 있도록 안내한다.
- 조건 명령어가 가장 많이 사용되고 있는 만큼 다양한 조건에 따른 결과를 논리적으로 구성할 수 있도록 지도한다.

4. 거북기하

지오지브라는 LOGO와 같이 거북이의 "가자", "돌자" 행동을 제어할 수 있는 명령어로 거북기하를 탐구할 수 있는 환경을 제공한다. 학생들은 명령어를 이용한 거북이와의 수학적 대화를 통해 도형에서 각과 변 사이의 관계를 탐구할 수 있다. 또한, 가설을 실험하고 오류를 극복하는 과정을 통해 컴퓨팅 사고와 수학적 문제해결능력을 기를 수 있다.

활동명	거북기하
영역	기하, 해석
활동 목표	도형의 각과 변 사이의 관계와 알고리즘을 활용하여 다양한 도형을 만드는 스크립트를 구성할 수 있다.
활동 과제	• 거북이 명령어 익히기 • 정삼각형 • 정다각형 • 단위원에 내접하는 정삼각형 • 단위원에 내접하는 별
관련 성취기준	[12수학Ⅰ02-03] 사인법칙과 코사인법칙을 이해하고, 이를 활용할 수 있다.

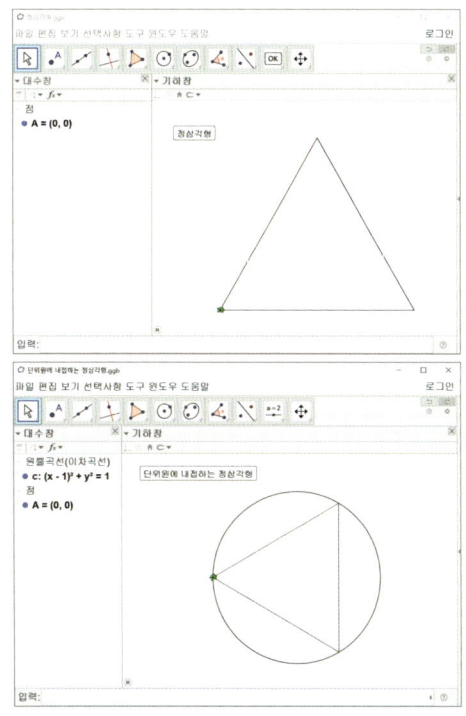
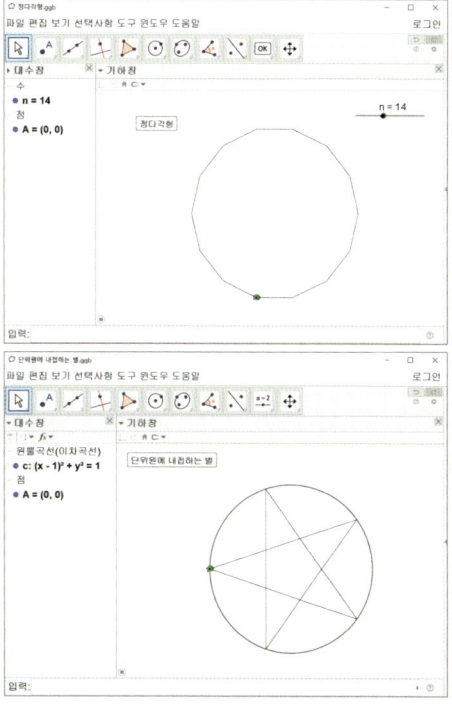

지오지브라 코딩 수학

4.1 거북이 명령어 익히기

지오지브라에서 제공하는 거북이 명령어는 다음과 같다.

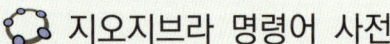

> 🐢 **지오지브라 명령어 사전**
>
> - 거북이( ) : 거북이를 생성한다.
> - 거북이놓기(〈거북이〉) : 거북이의 자취가 나타나게 한다.
> - 거북이들기(〈거북이〉) : 거북이의 자취가 나타나지 않게 한다.
> - 거북이앞으로(〈거북이〉 , 〈거리〉) : 거북이가 앞으로 가게 한다.
> - 거북이뒤로(〈거북이〉 , 〈거리〉) : 거북이가 뒤로 가게 한다.
> - 거북이오른쪽(〈거북이〉 , 〈각도〉) : 거북이가 오른쪽으로 돌게 한다.
> - 거북이왼쪽(〈거북이〉 , 〈각도〉) : 거북이가 왼쪽으로 돌게 한다.

구성단계

[단계1] 입력창에 다음을 입력하여 이름이 A인 거북이를 만들어보자.

> 입력: A = 거북이()

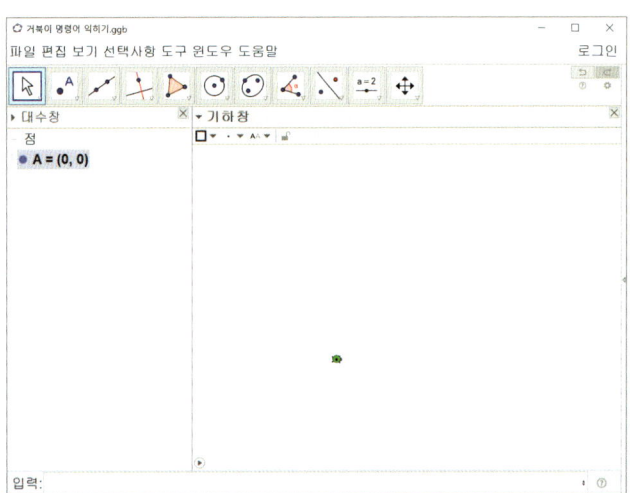

96

[단계2]   입력창에 다음을 입력하여 거북이 A가 앞으로 3만큼 움직이도록 해보자[22]. 이 때 명령어를 입력한 후 기하창 왼쪽 아래에 있는 실행 버튼 을 눌러야 거북이가 움직인다.

입력: 거북이앞으로(A , 3)

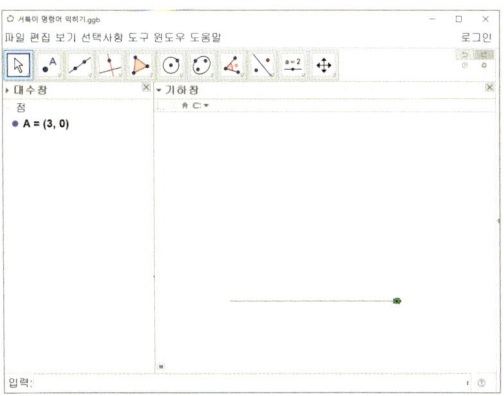

[단계3]   입력창에 다음을 입력하여 거북이 A가 왼쪽으로 $\frac{\pi}{3}(=60°)$ 회전하도록 해보자.[23]

입력: 거북이왼쪽(A , pi/3)

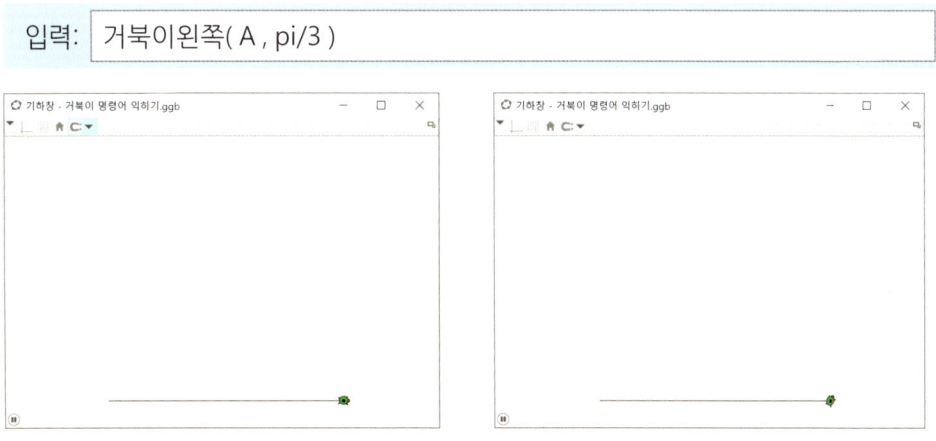

---

22) 거북이가 3만큼 이동할 때 이동속도가 느리게 느껴질 수 있다. 거북이의 속도를 조절하는 명령어가 없으므로 속도를 빠르게 하고 싶을 때에는 이동 거리를 줄여 사용한다.
23) 각도는 60분법으로 입력할 수 있다. 이때 각도를 나타내는 기호 °는 입력창의 오른쪽에 나타나는 α 에서 찾아 사용할 수 있다. 또한, 영어 degree의 약자인 deg로 사용할 수 있으며, Alt+O를 사용해서 각도 기호를 표현할 수 있다.

지오지브라 코딩 수학

[단계4] 입력창에 다음과 같이 연속적으로 입력하여 거북이 A가 자취를 남기지 않고 앞으로 3만큼 움직이도록 해보자.

입력: 거북이들기(A)

입력: 거북이앞으로(A , 3)

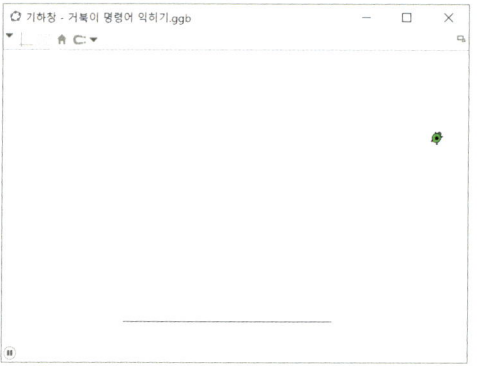

도전! 거북이 명령어를 사용하여 다음과 같은 자취가 나타나도록 만들어보자.

4.2 정삼각형

구성단계

[단계1] 버튼 OK 도구를 클릭한 후 다음과 같은 캡션과 스크립트를 가지는 "정삼각형" 버튼을 만들어보자.

캡션: 정삼각형
지오지브라 스크립트:
1 삭제(A)
2 A = 거북이()
3 반복(3 , 거북이앞으로(A , 3) , 거북이왼쪽(A , 2*pi/3))
4 애니메이션시작(A)

거북이 명령어를 이용하여 다음 그림과 같이 정오각형을 만들어보자.

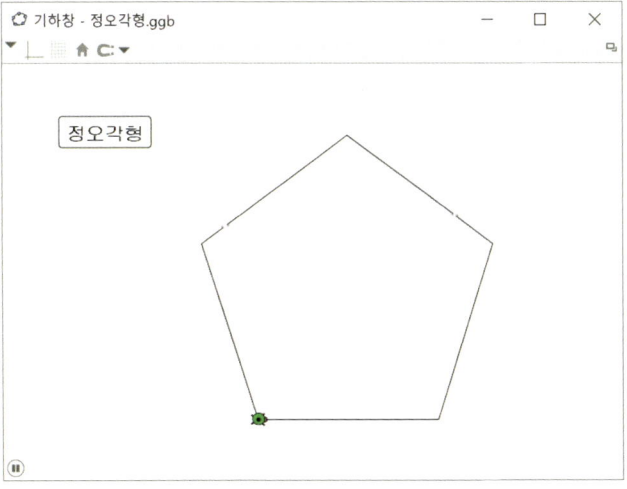

4.3 정다각형

구성단계

[단계1] **슬라이더** 도구를 이용하여 최솟값 '3', 최댓값 '30', 증가 '1'인 자연수 변수 n을 만들어보자.

[단계2] **버튼** 도구를 이용하여 다음과 같은 캡션과 스크립트를 가지는 "정다각형" 버튼을 만들어보자.

캡션: 정다각형
지오지브라 스크립트:
1 삭제(A)
2 A = 거북이()
3 반복(n , 거북이앞으로(A , 3), 거북이왼쪽(A , 2*pi/n))
4 애니메이션시작(A)

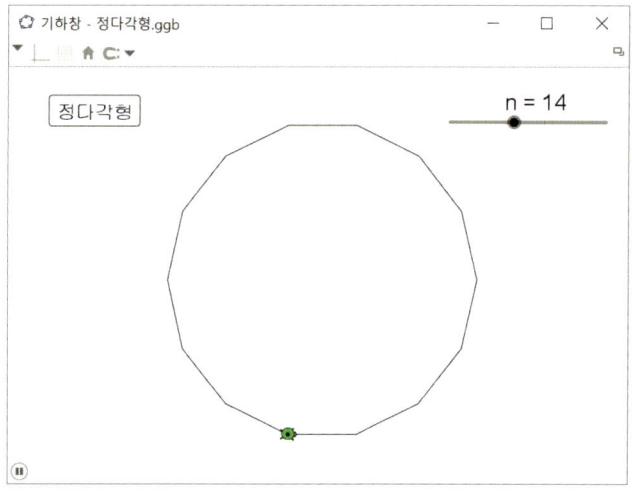

거북이 명령어를 이용하여 원 모양을 만드는 방법을 찾아보고 친구들과 토론해 보자.

4.4 단위원에 내접하는 정삼각형

구성단계

[단계1]   "거북이()"으로 만들어진 거북이는 처음 $(0, 0)$에 위치한다. 거북이가 단위원 위에 위치하기 위해 입력창에 다음을 입력하여 중심이 $(1, 0)$이고 반지름이 1인 원을 만들어보자.

입력: (x-1)^2+y^2=1

[단계2]   버튼 [OK] 도구를 사용하여 다음과 같은 캡션과 스크립트를 가지는 "단위원에 내접하는 정삼각형" 버튼을 만들어보자.

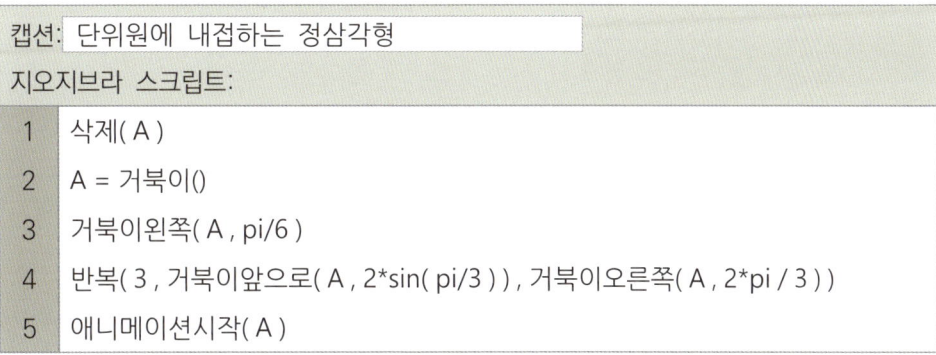

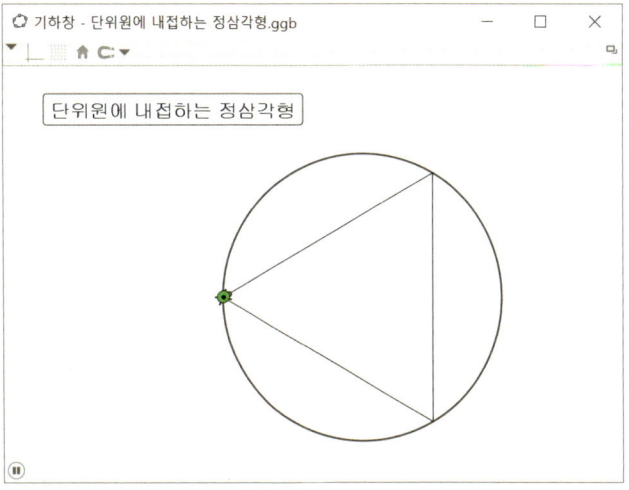

 단위원에 내접하는 정다각형을 만들어보자.

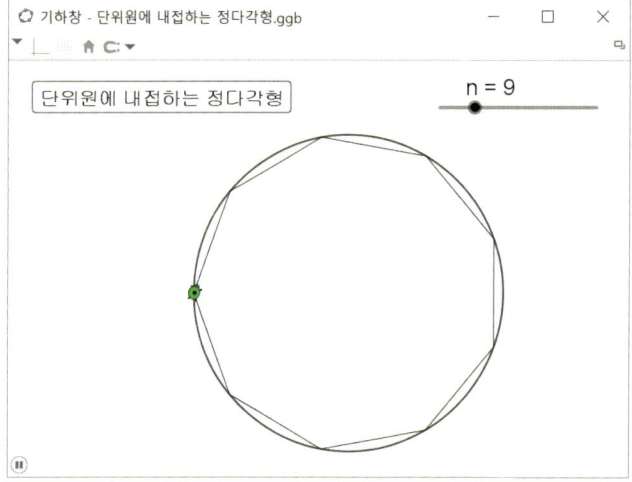

4.5 단위원에 내접하는 별

구성단계

[단계1]   버튼 `OK` 도구를 사용하여 다음과 같이 캡션과 스크립트를 입력하여 "단위원에 내접하는 별" 버튼을 만들어보자.

캡션: 단위원에 내접하는 별
지오지브라 스크립트:
1 삭제(A)
2 A = 거북이()
3 거북이왼쪽(A , pi/2-2*pi/5)
4 반복(5 , 거북이앞으로(A , 2*sin(2*pi/5)) , 거북이오른쪽(A , 4*pi/5))
5 애니메이션시작(A)

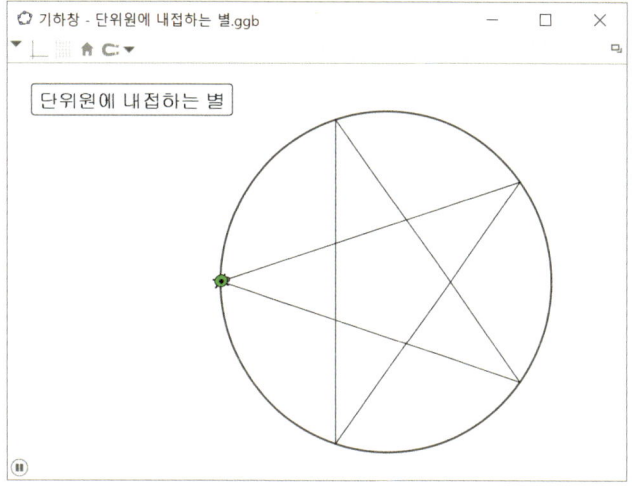

도전! 위에서 만든 별은 다섯 개의 꼭짓점과 다섯 개의 교차하는 변을 가지는 오각성 모양이다. 단위원에 내접하는 별을 열 개의 변과 다섯 개의 꼭짓점 두 묶음을 가지는 오목십각형 모양으로 만들어보자.

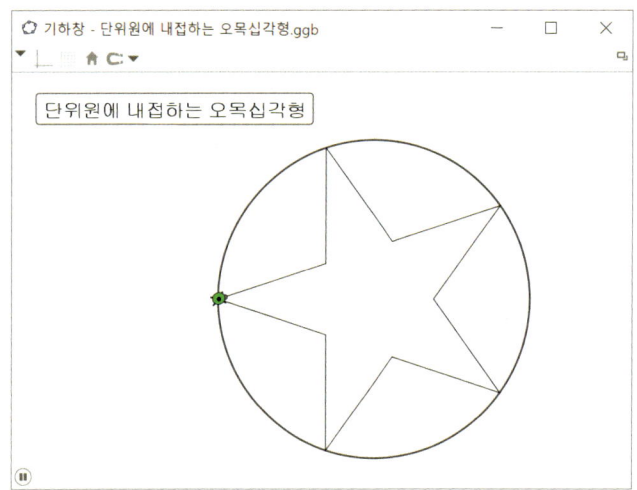

지도상의 유의점

- 거북이의 회전각이 다각형의 외각임을 학생들이 발견하도록 지도한다.
- 삼각형의 각과 변 사이의 관계를 이용하여 주어진 변의 길이 또는 각으로부터 문제 해결에 필요한 값을 찾도록 지도한다.
- 학생들이 스크립트를 작성하고 실행하여 오류를 발견하고 다시 수정하는 순환 활동이 일어날 수 있도록 지도한다. 정확한 답을 찾기보다 오류를 수정하는 것이 중요한 것임을 학생들에게 안내한다.

5. 프랙털

프랙털은 부분이 전체와 비슷한 기하학적 형태를 말한다. 이런 특징을 자기 유사성이라고 하며, 자기 유사성을 갖는 기하학적 구조를 프랙털 구조라고 한다. 프랙털 도형을 그리기 위해서는 같은 구조의 그림을 반복적으로 그리는 과정이 필요한데, 지오지브라의 스크립트 명령어와 새로운 도구 및 명령어를 이용하여 쉽게 만들 수 있다. 프랙털 도형을 그리는 과정을 만들어보는 과정을 통해 컴퓨팅 사고와 도형을 바라보는 창의적인 시각을 기를 수 있다.

활동명	프랙털
영역	기하
활동 목표	프랙털 도형의 수학적 성질과 알고리즘을 활용하여 다양한 프랙털 도형을 만드는 스크립트를 구성할 수 있다.
활동 과제	• 코흐 곡선 • 시에르핀스키 삼각형
관련 성취기준	[12수학Ⅰ03-06] 수열의 귀납적 정의를 이해한다. [12미적01-06] 등비급수를 활용하여 여러 가지 문제를 해결할 수 있다.

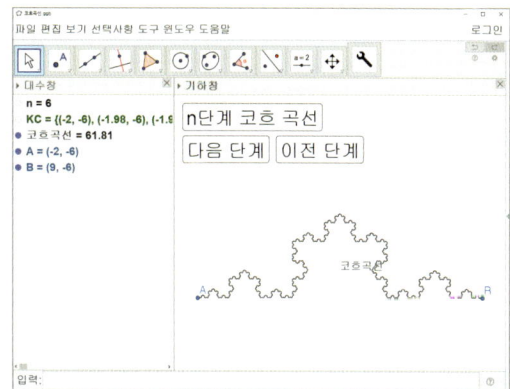
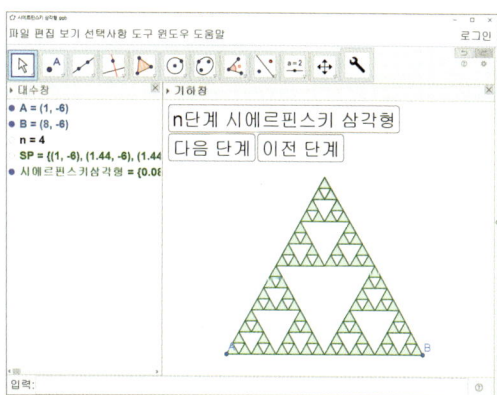

지오지브라 코딩 수학

5.1 명령어 익히기

이 과정에서 프랙털 도형을 그리기 위해 사용하는 명령어는 다음과 같다.

> **지오지브라 명령어 사전**
> - 회전(⟨대상⟩ , ⟨각⟩ , ⟨점⟩)
> - 다각선(⟨점의 리스트⟩)
>   다각선(점, 점, … , 점)
> - 다각형(⟨점⟩ , ⟨점⟩ , ⟨수⟩)
> - 자유대상복사(⟨대상⟩)
> - 반복(⟨반복횟수⟩ , ⟨스크립트 명령⟩ , ⟨스크립트 명령⟩ , …)
> - 마우스클릭실행스크립트(⟨대상⟩)
> - 값설정(⟨대상⟩ , ⟨대상⟩)
> - 원소(⟨리스트⟩ , ⟨원소의 위치⟩)
> - 길이(⟨리스트⟩)
> - 리스트단일화(⟨리스트의 리스트⟩)
> - 반복원소제거(⟨리스트⟩)
> - 수열(⟨표현식⟩ , ⟨변수⟩ , ⟨시작값⟩ , ⟨끝값⟩)
>   수열(⟨표현식⟩ , ⟨변수⟩ , ⟨시작값⟩ , ⟨끝값⟩ , ⟨증가분⟩)
> - 조건(⟨조건⟩ , ⟨조건이 성립될 때 만들 대상⟩)
>   조건(⟨조건⟩ , ⟨조건이 성립될 때 만들 대상⟩ , ⟨성립되지 않을 때 만들 대상⟩)

구성단계

[단계1]   점 도구를 이용하여 기하창에 두 점 A, B를 만든 후, 입력창에 다음을 입력하여 점 A를 중심으로 점 B를 반시계방향으로 60°만큼 회전한 점 C를 만들어보자.

입력: C = 회전(B , 60° , A)

[단계2]　입력창에 다음을 입력하여 세 점 A, B, C를 연결한 다각선을 만들어보자.

> 입력: 다각선(A , B , C)

점을 원소로 하는 리스트를 만든 후에 **다각선** 명령어를 이용할 수도 있다. 입력창에 다음을 입력하여 세 점을 원소로 하는 리스트 $l1 = \{A, B, C\}$를 만들어보자.

> 입력: l1 = { A , B , C }

입력창에 다음을 입력하여 리스트 $l1$의 세 점을 순서대로 연결한 다각선을 만들어보자.

> 입력: 다각선(l1)

[단계3]　(두 점 A, B를 제외한 모든 대상을 삭제한 후) 입력창에 다음을 입력하여 두 점 A, B를 연결한 선분을 한 변으로 하는 정삼각형을 만들어보자.

> 입력: 다각형(A , B , 3)

[단계4]　입력창에 다음을 입력하여 두 점 A, B의 중점 D를 만들어보자.

> 입력: D = 중점(A , B)

이렇게 만들어진 점 D는 A, B를 이동시키지 않는 한 혼자서 움직이지 않는다. 반면에 입력창에 다음을 입력하여 중점을 만들면, 최초의 위치는 중점의 위치이지만 점을 자유롭게 움직일 수 있다.

> 입력: E = 자유대상복사(중점(A , B))

[단계5]　입력창에 다음을 입력하여 값이 1인 수 n을 만들어보자.

> 입력: n = 1

입력창에 다음을 입력하여 n의 값을 1만큼 증가시켜보자.

> 입력: 값설정(n , n+1)

지오지브라 코딩 수학

위 명령어를 설명하면 현재 값이 1인 n에 대하여 $n+1(=2)$를 n의 값으로 설정하라는 뜻이다. 즉, 위의 명령어를 적용하면 $n=2$가 된다.

[단계6] 지오지브라에는 **값설정** 명령어와 같이 스크립트 명령어가 있다. 이러한 스크립트 명령어를 반복하여 적용하고자 할 때는 **반복** 명령어를 사용할 수 있다.
입력창에 다음을 입력하여 n의 값을 1씩 증가하는 과정을 열 번 반복하도록 해보자.

입력: 반복(10 , 값설정(n , n+1))

[단계7] **반복** 명령어로 스크립트 명령어는 반복할 수 있지만, 다른 명령어는 그렇지 못한다. 이때, 버튼을 만들어 실행하고자 하는 명령어를 입력한 후, 그 버튼을 여러 번 클릭하여 반복할 수 있다.

버튼 OK 도구를 이용하여 캡션과 스크립트가 다음과 같은 버튼을 만들어보자.

캡션: 평행이동
지오지브라 스크립트:
1　평행이동(A , 자유대상복사((n , 2n)))
2　값설정(n , n+1)

"버튼1"이 만들어진다. 같은 방법으로 **버튼** OK 도구를 이용하여 캡션과 스크립트가 다음과 같은 버튼을 만들어보자.

캡션: 반복하기
지오지브라 스크립트:
1　n = 1
2　반복(10 , 마우스클릭실행스크립트(버튼1))

위의 과정을 거쳐 만들어진 반복하기 버튼을 누르면 점 A를 x축의 방향으로 n, y축의 방향으로 $2n$만큼($n=1, 2, 3, \cdots, 10$) 평행이동한 10개의 점이 만들어진다.

[단계8]   (모든 대상을 삭제한 후) 입력창에 다음을 입력하여 리스트 *l*1을 만들어보자.

입력: l1 = { 1 , 2 , { 3 , 2 } , { 4 , 1 , 1 , { 4 } } , 5 }

[단계9]   입력창에 다음을 입력하여 리스트 *l*1의 세 번째 원소를 새로운 대상으로 만들어보자.

입력: 원소(l1 , 3)

[단계10] 입력창에 다음과 같이 입력하면 리스트 *l*1의 원소의 개수를 구할 수 있다.

입력: 길이(l1)

[단계11] 입력창에 다음을 입력하여 리스트의 리스트인 *l*1을 하나의 리스트 *l*2로 만들어보자.

입력: l2 = 리스트단일화(l1)

*l*2 = {1, 2, 3, 2, 4, 1, 1, 4, 5}가 만들어진다.

[단계12] 입력창에 다음을 입력하여 리스트 *l*2의 원소 중 반복되는 원소 중 하나만 남기고 모두 제거하여 새로운 리스트 *l*3를 만들어보자.

입력: l3 = 반복원소제거(l2)

*l*3 = {1, 2, 3, 4, 5}가 만들어진다.

[단계13] 원소가 규칙성이 있는 경우 **수열** 명령어를 이용하여 리스트를 만들 수 있다. 입력창에 다음을 입력하여 첫째항이 3이고 공차가 2인 등차수열의 첫째항부터 제10항까지를 원소로 갖는 리스트 *l*4를 만들어보자.

입력: l4 = 수열(2n+1 , n , 1 , 10)

*l*4 = {3, 5, 7, 9, 11, 13, 15, 17, 19, 21}이 만들어진다.

[단계14] 입력창에 다음을 입력하여 원소가 점 $(n, 2n)$ ($n = 1, 3, 5, \cdots, 19$)인 점의 리스트 $l5$를 만들어보자.

> 입력: l5 = 수열((n , 2n) , n , 1 , 19 , 2)

$l5 = \{(1, 2), (3, 6), (5, 10), \cdots, (17, 34), (19, 38)\}$이 만들어진다.

[단계15] **조건** 명령어를 이용하면 조건이 성립될 때와 그렇지 않을 때 만들 대상을 구분할 수 있다. **점** 도구를 이용하여 점 A를 만든 후, 입력창에 다음을 입력하여 점 A의 x좌표의 값에 따라 점의 색상을 확인해보자.

> 입력: 조건(x(A) > 0 , 색상설정(A , "빨강") , 색상설정(A , "파랑"))

현재 점의 위치에 따라 점의 색상이 결정된다.

도전! 그림과 같이 버튼을 이용하여 반지름의 길이가 1인 원 위에 일정한 간격으로 놓인 60개의 점을 만드시오. (단, 수열 명령어 사용금지)

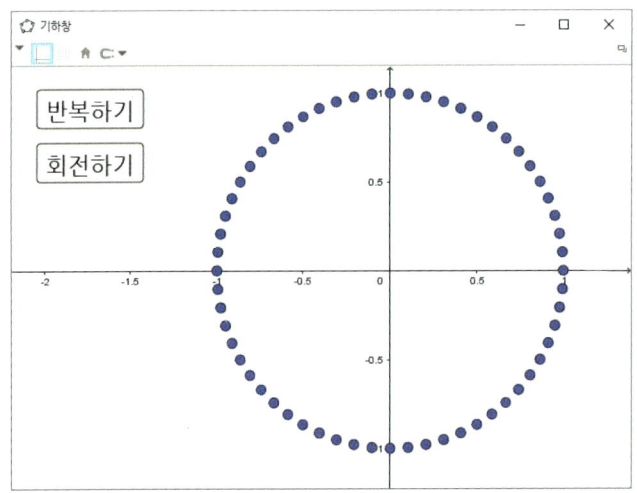

5.2 코흐 곡선

구성단계

[단계1]   점 도구를 이용하여 두 점 A, B를 만들어보자.

[단계2]   입력창에 다음을 입력하여 두 점 A, B를 양 끝점으로 하는 선분을 삼등분하는 점 C, D를 만들어보자.

> 입력: C = (2A + B) / 3

> 입력: D = (A + 2B) / 3

[단계3]   입력창에 다음을 입력하여 코흐 곡선의 가운데 정삼각형 모양의 꼭짓점 역할을 할 점 E를 만들어보자.

> 입력: E = 회전(D , 60° , C)

[단계4]   이렇게 만들어진 점을 리스트로 만든다. 이 과정을 통해 만든 도구와 명령어를 활용하기 위해 입력창에 다음을 입력하여 점의 순서를 고려한 리스트 $l1$을 만들어보자.

> 입력: l1 = { A , C , E , D , B }

[단계5]   도구 메뉴에서 **새 도구 만들기**를 선택하면 새로운 대화상자가 나타나는데, **출력 대상** 탭에서 $l1$을 선택하고, **입력 대상** 탭에서 점 A, B를 선택한다. 이름과 아이콘 탭으로 이동하여 도구 이름을 "Koch"로 입력해보자.

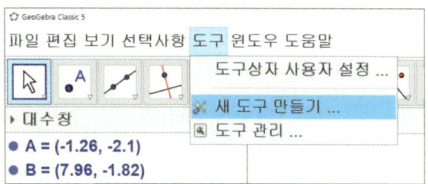

지오지브라 코딩 수학

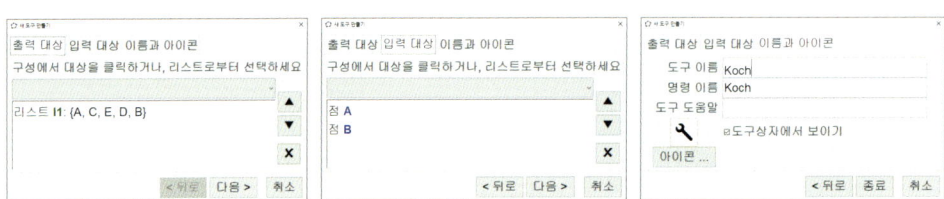

Koch 🔧 도구를 만든 후에 두 점 A, B를 제외한 모든 대상을 삭제하자.

[단계6]   입력창에 다음을 입력하여 코흐 곡선의 단계를 의미하는 수 n을 만들어보자.[24]

입력: n = 4

[단계7]   버튼 OK 도구를 이용하여 캡션과 스크립트가 다음과 같은 버튼을 만들어보자.

캡션: n단계 코흐 곡선
지오지브라 스크립트:
1 KC = 자유대상복사({ A , B })
2 반복(n , 마우스클릭실행스크립트(버튼2))
3 코흐곡선 = 다각선(KC)

[단계8]   위의 단계에서 두 번째 줄이 의미하는 버튼을 만든다. 버튼 OK 도구를 이용하여 캡션과 스크립트가 다음과 같은 버튼을 만들어보자.

캡션: 다음 단계
지오지브라 스크립트:
1 값설정(KC , 수열(Koch(원소(KC , k) , 원소(KC , k+1)) , k , 1 , 길이(KC) - 1))
2 값설정(KC , 리스트단일화(KC))
3 값설정(KC , 반복원소제거(KC))

위의 스크립트는 다음과 같이 한 줄로 작성할 수도 있다.

---

24) 너무 큰 수를 입력하면 대상의 개수가 많아져 멈출 수 있다. 7 이하의 수를 입력하기를 권장한다.

캡션:	다음 단계
지오지브라 스크립트:	
1	값설정(KC , 반복원소제거(리스트단일화(수열(Koch(원소(KC , k) , 원소(KC , k+1)) , k , 1 , 길이(KC) - 1))))

위의 과정을 거친 후 [n단계 코흐 곡선] 버튼을 누르면 코흐 곡선이 그려지게 된다. 그리고 [다음 단계] 버튼을 누르면 한 단계 과정을 반복한 그림으로 변한다.

도전!

위의 과정까지 수행했을 때, 그림과 같이 코흐 곡선을 현재 그려진 상태보다 한 단계 낮추는 기능을 수행하는 버튼([이전 단계])을 만들어보자.

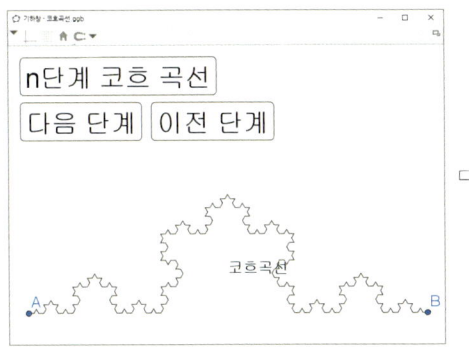 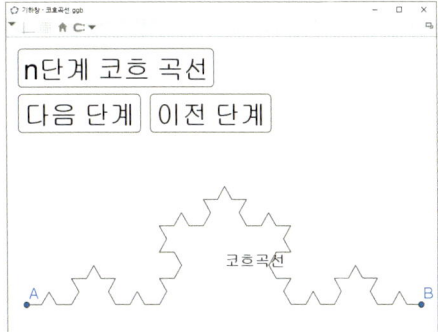

5.3 시에르핀스키 삼각형

구성단계

[단계1]　점 도구를 이용하여 두 점 A, B를 만들어보자.

[단계2]　입력창에 다음을 입력하여 두 점 A, B를 밑변의 양 끝점으로 하는 정삼각형을 만들어보자.[25]

　　　　　입력: 다각형(A , B , 3)

[단계3]　중점 도구를 선택한 후, 변 AB, AC, BC를 클릭하여 각 변의 중점 D, E, F를 만들어보자.

[단계4]　입력창에 다음을 입력하여 리스트 *l*1을 만들어보자.

　　　　　입력: l1 = { A , D , D , B , E , F }

[단계5]　도구 메뉴에서 **새 도구 만들기** 항목을 선택하면 새 도구 만들기 대화상자가 나타난다. **출력 대상**에 리스트 *l*1, **입력 대상**에 점 A, B를 선택하고, 도구 이름은 "sier"로 입력한 후 종료 버튼을 눌러 새 도구를 만들어보자.

　　　　　sier 도구를 만든 후에 두 점 A, B를 제외한 모든 대상을 삭제하자.

코흐 곡선을 그렸던 과정과 비슷하게 시에르핀스키 삼각형을 그리기 위해 두 개의 버튼을 만들어보자.

---

[25] **정다각형** 도구를 활용해도 되지만, 나중에 버튼에 스크립트를 입력하기 위해서는 결국 명령어를 사용해야 하므로 명령어를 이용하는 방법으로 진행하고자 한다.

[단계6]   입력창에 다음을 입력하여 시에르핀스키 삼각형의 단계를 의미하는 수 n을 만들어보자.

> 입력: n = 4

[단계7]   **버튼** OK 도구를 이용하여 캡션과 스크립트가 다음과 같은 버튼을 만들어보자.

캡션: n단계 시에르핀스키 삼각형
지오지브라 스크립트:
1 SP = 자유대상복사({ A , B })
2 반복(n , 마우스클릭실행스크립트(버튼2))
3 시에르핀스키삼각형 = 수열(다각형(원소(SP , k) , 원소(SP , k+1) , 3) , k , 1 , 길이(SP) , 2)

[단계8]   위의 단계에서 두 번째 줄이 의미하는 버튼을 만든다. **버튼** OK 도구를 이용하여 캡션과 스크립트가 다음과 같은 버튼을 만들어보자.

캡션: 다음 단계
지오지브라 스크립트:
1 값설정(SP , 수열(sier(원소(SP , k) , 원소(SP , k+1)) , k , 1 , 길이(SP) , 2))
2 값설정(SP , 리스트단일화(SP))

위의 스크립트는 다음과 같이 한 줄로 작성할 수도 있다.

캡션: 다음 단계
지오지브라 스크립트:
1 값설정(SP , 리스트단일화(수열(sier(원소(SP , k) , 원소(SP , k+1)) , k , 1 , 길이(SP) , 2)))

위의 과정을 거친 후 n단계 시에르핀스키 삼각형 버튼을 누르면 시에르핀스키 삼각형이 그려지게 된다. 그리고 다음 단계 버튼을 누르면 다음 단계의 시에르핀스키 삼각형으로 변한다.

지오지브라 코딩 수학

도전! 위의 과정까지 수행했을 때, 그림과 같이 시에르핀스키 삼각형을 현재 그려진 상태보다 한 단계 낮추는 기능을 수행하는 버튼(이전 단계)을 만들어보자.

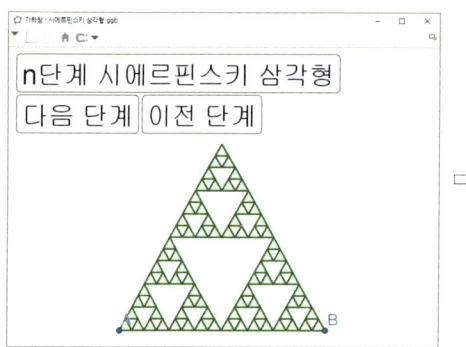 ⇨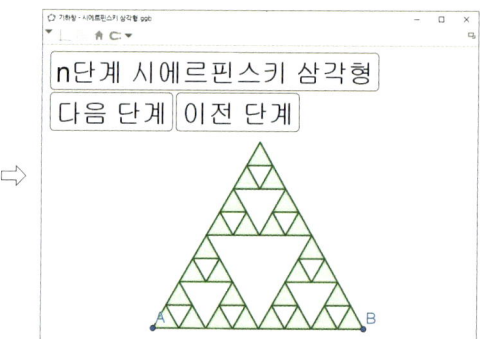

🔵 지도상의 유의점

- 프랙털 도형은 다양한 방법으로 만들 수 있으므로 학생들이 각자 자신만의 방법을 생각해볼 수 있도록 안내한다.
- 명령어가 많이 사용되므로 각 명령어에 대한 문법과 기능에 대하여 숙지할 수 있도록 충분히 연습해야 한다.

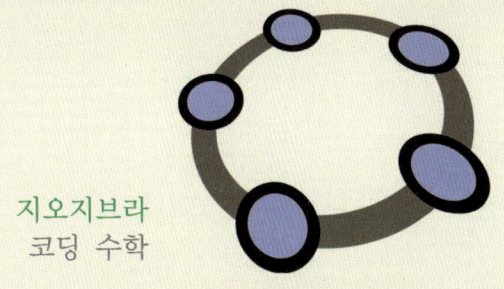

지오지브라
코딩 수학

예시답안 및 해설

지오지브라 코딩 수학

1. 이차함수의 최대·최소

수업 활동 답안

1. (생략)

2. (1), (3)은 이차함수의 꼭짓점과 하나의 경곗값에서 최대 또는 최솟값을 가지지만, (2), (4)는 두 경곗값에서 최대, 최솟값을 가진다.

3. (예시답안)
   이차함수 $f(x) = x^2 (x > 2)$의 경우 최솟값이 존재하는 반면, 최댓값은 존재하지 않는다. 이차함수 $g(x) = -x^2 + 2x - 1 (x < -1)$의 경우 최댓값이 존재하는 반면, 최솟값은 존재하지 않는다.

4. 정의역이 제한된 범위에서 이차함수의 최댓값과 최솟값을 결정하는 점은 범위의 양쪽 경곗값과 꼭짓점이다. 이때 꼭짓점이 범위에 포함되는 경우와 포함되지 않는 경우 최댓값, 최솟값이 다르게 나타난다. 꼭짓점이 범위에 포함될 경우 최고차항의 계수가 양수이면 꼭짓점이 최솟값을 결정하며, 범위의 양쪽 경곗값 중 꼭짓점에서 더 멀리 떨어진 점이 최댓값을 결정한다. 최고차항의 계수가 음수이면 반대로 꼭짓점이 최댓값을 결정하며, 꼭짓점에서 더 멀리 떨어진 경곗값이 최솟값을 결정한다.
   꼭짓점이 정의역 범위에 포함되지 않을 경우, 두 개의 경곗값이 최댓값, 최솟값을 결정한다.

2. 이차부등식의 해

수업 활동 답안

1. CAS창을 열어 $x^2+3x-3=0$를 입력한 후 **풀기** ☒= 도구를 누르면 방정식의 해를 구할 수 있다.

(1) $x < \dfrac{-3-\sqrt{21}}{2}$ 또는 $x > \dfrac{-3+\sqrt{21}}{2}$

(2) $\dfrac{-3-\sqrt{21}}{2} < x < \dfrac{-3+\sqrt{21}}{2}$

2. (1) $x < \dfrac{-3-\sqrt{21}}{2}$ 또는 $x > \dfrac{-3+\sqrt{21}}{2}$

(2) $x \leq \dfrac{-3-\sqrt{21}}{2}$ 또는 $x \geq \dfrac{-3+\sqrt{21}}{2}$

(3) $\dfrac{-3-\sqrt{21}}{2} < x < \dfrac{-3+\sqrt{21}}{2}$

(4) $\dfrac{-3-\sqrt{21}}{2} \leq x \leq \dfrac{-3+\sqrt{21}}{2}$

3. (1) $x \neq 3$인 모든 실수 (2) 해가 없다.

(3) 모든 실수 (4) $\dfrac{-1-\sqrt{17}}{2} \leq x \leq \dfrac{-1+\sqrt{17}}{2}$

4. 이차부등식의 해는 이차함수의 x절편 즉, 이차방정식의 해가 기준값을 결정한다. 따라서 이차방정식의 해(기준값)과 이차함수의 그래프 개형을 이용하면 이차부등식의 해를 판단할 수 있다.

3. 수열의 귀납적 정의

수업 활동 답안

1. (1) (i) 두 항 사이의 관계: $a_1 = 2$, $a_{n+1} = -3a_n (n = 1, 2, 3, \cdots)$

〈방법1: **반복리스트** 명령어 사용〉

입력창에 다음과 같이 입력한다.

입력:	반복리스트(-3 a , a , { 2 } , 19)

〈방법2: 버튼 사용〉

버튼 [OK] 도구를 이용하여 이름이 "버튼1"이고 캡션과 스크립트가 다음과 같은 버튼을 만들어보자.

캡션: 제20항까지 구하기	
지오지브라 스크립트:	
1	a = 2
2	k = 1
3	n = 20
4	a_n = 자유대상복사({ a })
5	마우스클릭실행스크립트(버튼2)

버튼 [OK] 도구를 이용하여 이름이 "버튼2"이고 캡션과 스크립트가 다음과 같은 버튼을 만들어보자.

캡션: 귀납적 정의	
지오지브라 스크립트:	
1	값설정(a , -3 a)
2	값설정(a_n , 추가(a_n , a))
3	값설정(k , k+1)
4	조건(k < 20 , 마우스클릭실행스크립트(버튼2))

(ii) 세 항 사이의 관계: $a_1 = 2$, $a_2 = -6$, $a_{n+2}a_n = (a_{n+1})^2 (n=1, 2, 3, \cdots)$

〈방법1: **반복리스트** 명령어 사용〉

입력창에 다음과 같이 입력한다.

입력: 반복리스트((a_{n+1})^2 / a_{n} , a_{n} , a_{n+1} , { 2 , -6 } , 19)

〈방법2: 버튼 사용〉

버튼 OK 도구를 이용하여 이름이 "버튼1"이고 캡션과 스크립트가 다음과 같은 버튼을 만들어보자.

캡션: 제20항까지 구하기

지오지브라 스크립트:

1	a = 2
2	b = -6
3	tmp = 0
4	k = 1
5	n = 20
6	a_n = 자유대상복사({ a , b })
7	마우스클릭실행스크립트(버튼2)

버튼 OK 도구를 이용하여 이름이 "버튼2"이고 캡션과 스크립트가 다음과 같은 버튼을 만들어보자.

캡션: 귀납적 정의

지오지브라 스크립트:

1	값설정(tmp , b)
2	값설정(b , b^2 / a)
3	값설정(a_n , 추가(a_n , b))
4	값설정(a , tmp)
5	값설정(k , k+1)
6	조건(k < 19 , 마우스클릭실행스크립트(버튼2))

(2) (i) 두 항 사이의 관계: $a_1 = 3$, $a_{n+1} = 2a_n (n = 1,\ 2,\ 3,\ \cdots)$

〈방법1: **반복리스트** 명령어 사용〉

입력창에 다음과 같이 입력한다.

| 입력: | 반복리스트(2 a , a , { 3 } , 19) |

〈방법2: 버튼 사용〉

버튼 [OK] 도구를 이용하여 이름이 "버튼1"이고 캡션과 스크립트가 다음과 같은 버튼을 만들어보자.

캡션:	제20항까지 구하기
지오지브라 스크립트:	
1	a = 3
2	k = 1
3	n = 20
4	a_n = 자유대상복사({ a })
5	마우스클릭실행스크립트(버튼2)

버튼 [OK] 도구를 이용하여 이름이 "버튼2"이고 캡션과 스크립트가 다음과 같은 버튼을 만들어보자.

캡션:	귀납적 정의
지오지브라 스크립트:	
1	값설정(a , 2 a)
2	값설정(a_n , 추가(a_n , a))
3	값설정(k , k+1)
4	조건(k < 20 , 마우스클릭실행스크립트(버튼2))

(ii) 세 항 사이의 관계: $a_1 = 3$, $a_2 = 6$, $a_{n+2}a_n = (a_{n+1})^2 (n = 1, 2, 3, \cdots)$

〈방법1: **반복리스트** 명령어 사용〉

입력창에 다음과 같이 입력한다.

입력: 반복리스트((a_{n+1})^2 / a_{n} , a_{n} , a_{n+1} , { 3 , 6 } , 19)

〈방법2: 버튼 사용〉

버튼 OK 도구를 이용하여 이름이 "버튼1"이고 캡션과 스크립트가 다음과 같은 버튼을 만들어보자.

캡션: 제20항까지 구하기

지오지브라 스크립트:

1	a = 3
2	b = 6
3	tmp = 0
4	k = 1
5	n = 20
6	a_n = 자유대상복사({ a , b })
7	마우스클릭실행스크립트(버튼2)

버튼 OK 도구를 이용하여 이름이 "버튼2"이고 캡션과 스크립트가 다음과 같은 버튼을 만들어보자.

캡션: 귀납적 정의

지오지브라 스크립트:

1	값설정(tmp , b)
2	값설정(b , b^2 / a)
3	값설정(a_n , 추가(a_n , b))
4	값설정(a , tmp)
5	값설정(k , k+1)
6	조건(k < 19 , 마우스클릭실행스크립트(버튼2))

2. 〈방법1: **반복리스트** 명령어 사용〉

입력창에 다음과 같이 입력한다.

입력: 반복리스트(a_{n+1} + a_{n} , a_{n} , a_{n+1} , { 0 , 1 } , 19)

〈방법2: 버튼 사용〉

버튼 [OK] 도구를 이용하여 이름이 "버튼1"이고 캡션과 스크립트가 다음과 같은 버튼을 만들어보자.

캡션: 제20항까지 구하기
지오지브라 스크립트:
1　a = 0
2　b = 1
3　tmp = 0
4　k = 1
5　n = 20
6　a_n = 자유대상복사({ a , b })
7　마우스클릭실행스크립트(버튼2)

버튼 [OK] 도구를 이용하여 이름이 "버튼2"이고 캡션과 스크립트가 다음과 같은 버튼을 만들어보자.

캡션: 귀납적 정의
지오지브라 스크립트:
1　값설정(tmp , b)
2　값설정(b , a + b)
3　값설정(a_n , 추가(a_n , b))
4　값설정(a , tmp)
5　값설정(k , k+1)
6　조건(k < 19 , 마우스클릭실행스크립트(버튼2))

3. (1) 1750

   (2) $a_{n+1} = \dfrac{4}{5}a_n + 150$

   (3) 884.22

   (4) $a_{20} = 764.41$, $a_{30} = 751.55$, $a_{40} = 750.17$, $a_{50} = 750.02$, $a_{60} = 750$

   물탱크에서 물을 버리고 다시 채우는 작업을 한없이 반복하였을 때, 물탱크에 남아 있는 물의 양은 750 L가 될 것이다.

4. 여러 가지 미분법

4.1 도함수 확인하기

수업 활동 답안

1. (1) $f'(x) = 0$ (2) $f'(x) = 3$
   (3) $f'(x) = 4x$ (4) $f'(x) = -2x + 2$

2. (1) $f'(x) = \ln 3 \times 3^x$ (2) $f'(x) = 2\ln 2 \times 2^{2x-1}$
   (3) $f'(x) = 2e^{2x}$ (4) $f'(x) = -6e^{-3x+1}$

3. (1) $f'(x) = \dfrac{1}{x}$ (2) $f'(x) = \dfrac{3}{3x-2}$
   (3) $f'(x) = \dfrac{1}{\ln 2 \times x}$ (4) $f'(x) = \dfrac{2}{(2x+1)\ln 3}$

4. (1) $f'(x) = \cos x$ (2) $f'(x) = -6\cos(2x+1)$
   (3) $f'(x) = -3\sin(3x)$ (4) $f'(x) = 6\sin(-3x+2)$

4.2 부정적분 확인하기

📝 수업 활동 답안

1. (1) $F(x) = -4x + C$ (2) $F(x) = \dfrac{1}{2}x^2 + 4x + C$

   (3) $F(x) = x^3 - x^2 - x + C$ (4) $F(x) = -\dfrac{1}{3}x^3 + \dfrac{1}{2}x^2 - 3x + C$

2. (1) $F(x) = \dfrac{2^x}{\ln 2} + C$ (2) $F(x) = -\dfrac{3^{-2x+1}}{2\ln 3} + C$

   (3) $F(x) = e^{2x} + C$ (4) $F(x) = -\dfrac{2}{3}e^{3x-1} + C$

3. (1) $F(x) = -\dfrac{1}{2}\cos(2x) + C$ (2) $F(x) = -\cos(2x-1) + C$

   (3) $F(x) = -\dfrac{1}{3}\sin(3x) + C$ (4) $F(x) = -3\sin(-x+2) + C$

5. 표본평균의 분포

📝 수업 활동 답안

1. 모집단의 분포보다 더 밀집한 형태의 정규분포 모양이다.

2. (1) 표본평균누적자료, 50
   (2) 모집단계급, 모집단, 모집단
   (3) 표본평균의 평균은 모평균과 거의 같다. 표본평균의 표준편차에 6을 곱한 값과 모표준편차 15는 거의 같다.

3. 표본평균의 분포는 평균이 모평균이고, 표준편차는 모표준편차를 표본의 크기의 제곱근으로 나눈 값인 정규분포를 따른다.

6. 신뢰도와 신뢰구간

수업 활동 답안

1. 모평균을 포함하는 신뢰구간의 비율과 신뢰도가 거의 같다.

2. 모평균을 포함하는 신뢰구간의 비율이 $P(|Z| \leq 1.5) = 0.8664$와 거의 같다.

3. (생략)

4. 신뢰도 95%, 즉 0.95는 확률이 아니다. 크기가 100인 표본을 여러 번 추출하여 얻은 신뢰구간 중에 모평균을 포함하고 있는 비율이 0.95와 거의 같아진다는 의미이다. 이미 신뢰구간을 얻었기 때문에 우연에 의하여 변할 수 있는 여지가 사라졌으므로 모평균이 포함될 확률이라고 얘기할 수 없다. 굳이 확률을 말하자면 그 값은 0 또는 1이라고 할 수 있으므로(포함 여부를 모를 뿐이지 포함되거나, 안 되거나 경우는 둘 중 한 가지로 정해진 상황이므로) 모평균을 포함할 확률이 0.95라고 하는 설명은 올바르지 않다.

5. 모평균의 포함 여부에 상관없이 표본평균으로 얻은 네 개의 구간은 모두 모평균에 대한 95%의 신뢰구간이다.

1. 복소수 계산기

1.1 분수 계산기

스크립트 해설

➕ 스크립트

클릭할 때	새로고침할 때	전역 자바스크립트

1. 값설정(e , a*c) # 연산 결과의 분모 e를 ac로 설정한다.
2. 값설정(f , a*d + b*c) # 연산 결과의 분자 f를 ad+bc로 설정한다.
3. g = 최대공약수(e , f) # 연산 결과의 분자, 분모의 최대공약수를 구한다.
4. g_1 = 자유대상복사(g) # 구해진 최대공약수를 새로운 변수 g_1에 저장한다.
5. 조건(g_1 != 1 , 실행({ "SetValue(e , e/g_1)" , "SetValue(f , f/g_1)" }))
    # 최대공약수가 1이 아니면 분모 e와 분자 f를 최대공약수를 나눈 값으로 설정한다.

도전! 예시답안

➖ 스크립트

클릭할 때	새로고침할 때	전역 자바스크립트

1. 값설정(e , a * c)
2. 값설정(f , b * c - a * d)
3. g = 최대공약수(e , abs(f))
4. g_1 = 자유대상복사(g)
5. 조건(g_1 != 1 , 실행({ "SetValue(e , e / g_1)" , "SetValue(f , f / g_1)" }))

예시답안 및 해설

➡ ✖ 스크립트

클릭할 때	새로고침할 때	전역 자바스크립트
1	값설정(e , a * c)	
2	값설정(f , b * d)	
3	g = 최대공약수(e , f)	
4	g_1 = 자유대상복사(g)	
5	조건(g_1 != 1 , 실행({ "SetValue(e , e / g_1)" , "SetValue(f , f / g_1)" }))	

➡ ➗ 스크립트

클릭할 때	새로고침할 때	전역 자바스크립트
1	값설정(e , a * d)	
2	값설정(f , b * c)	
3	g = 최대공약수(e , f)	
4	g_1 = 자유대상복사(g)	
5	조건(g_1 != 1 , 실행({ "SetValue(e , e / g_1)" , "SetValue(f , f / g_1)" }))	

지오지브라 코딩 수학

1.2 복소수 계산기

📖 스크립트 해설

➡️ ➕ 스크립트

| 클릭할 때 | 새로고침할 때 | 전역 자바스크립트 |

1 e = 0   # 연산 결과 실수부 e의 초깃값을 설정한다.
2 f = 0   # 연산 결과 허수부 f의 초깃값을 설정한다.
3 값설정(e , a+c)   # 연산 결과 실수부 e를 $a+c$로 설정한다.
4 값설정(f , b+d)   # 연산 결과 허수부 f를 $b+d$로 설정한다.
5 T = " "   # 텍스트 T의 초깃값을 설정한다.
6 조건(f > 0 , 값설정(T , 텍스트("z_1 + z_2 =" + e + "+" + f + "i" , (3 , 1) , true , true)) ,
   값설정(T , 텍스트("z_1 + z_2 =" + e + f + "i" , (3 , 1) , true , true)))
      # 허수부가 양수일 때는 $e+fi$ 형태로 표현하고 음수일 때는 +를 생략하여 f의 부호로만 표현한다.
7 조건(e == 0 , 값설정(T , 텍스트(" z_1 + z_2 = " + f + " i " , (3 , 1) , true , true)))
      # 실수부가 0일 때는 실수부를 생략해서 표현한다.
8 조건(f == 1 , 조건(e == 0 , 값설정(T , 텍스트("z_1 + z_2 =" + "i" , (3 , 1) , true , true))
   , 값설정(T , 텍스트("z_1 + z_2 =" + e + "+" + "i" , (3 , 1) , true , true))))
      # 허수부가 1일 때는 $e+i$ 형태로 표현한다. 단, 실수부가 0일때는 i로 표현한다.
9 조건(f == 0 , 값설정(T , 텍스트(" z_1 + z_2 = " + e , (3 , 1) , true , true)))
      # 허수부가 0일 때는 허수부를 생략해서 표현한다.

예시답안 및 해설

🔆 도전! 예시답안

➡️ ➖ 스크립트

클릭할 때	새로고침할 때	전역 자바스크립트

1	e = 0
2	f = 0
3	값설정(e , a-c)
4	값설정(f , b-d)
5	T = " "
6	조건(f > 0 , 값설정(T , 텍스트(" z_1 - z_2 = " + e + " + " + f + " i " , (3 , 1) , true , true)) , 값설정(T , 텍스트(" z_1 - z_2 = " + e + f + " i " , (3 , 1) , true , true)))
7	조건(e == 0 , 값설정(T , 텍스트(" z_1 - z_2 = " + f + " i " , (3 , 1) , true , true)))
8	조건(f == 1 , 조건(e == 0 , 값설정(T , 텍스트(" z_1 - z_2 =" + "i" , (3 , 1) , true , true)) , 값설정(T , 텍스트(" z_1 - z_2 =" + e + "+" + "i" , (3 , 1) , true , true))))
9	조건(f == 0 , 값설정(T , 텍스트(" z_1 - z_2 = " + e , (3 , 1) , true , true)))

➡️ ✖️ 스크립트

클릭할 때	새로고침할 때	전역 자바스크립트

1	e = 0
2	f = 0
3	값설정(e , a * c - b * d)
4	값설정(f , a * d + b * c)
5	T = " "
6	조건(f > 0 , 값설정(T , 텍스트(" z_1 * z_2 = " + e + "+" + f + " i " , (3 , 1) , true , true)) , 값설정(T , 텍스트(" z_1 * z_2 = " + e + f + " i " , (3 , 1) , true , true)))
7	조건(e == 0 , 값설정(T , 텍스트(" z_1 * z_2 = " + f + " i " , (3 , 1) , true , true)))

8	조건(f == 1 , 조건(e == 0 , 값설정(T , 텍스트("z_1 * z_2 =" + "i" , (3 , 1) , true , true)) , 값설정(T , 텍스트("z_1 * z_2 =" + e + "+" + "i" , (3 , 1) , true , true))))
9	조건(f == 0 , 값설정(T , 텍스트("z_1 * z_2 = " + e , (3 , 1) , true , true)))

➗ 스크립트

클릭할 때	새로고침할 때	전역 자바스크립트

1	e_m = 0
2	f_m = 0
3	den = 0
4	e = 0
5	f = 0
6	값설정(den , c^2 + d^2)
7	값설정(e_m , a * c + b * d)
8	값설정(f_m , b * c - a * d)
9	값설정(e , 분수화(e_m / den))
10	값설정(f , 분수화(f_m / den))
11	조건(e_m == den , 값설정(e , 1))
12	조건(f_m == den , 값설정(f , 1))
13	T = " "
14	조건(f_m > 0 , 값설정(T , 텍스트(" z_1 / z_2 = " + e + " + " + f + "i" , (3 , 1) , true , true)) , 값설정(T , 텍스트("z_1 / z_2 = " + e + f + "I" , (3 , 1) , true , true)))
15	조건(e_m == 0 , 값설정(T , 텍스트(" z_1 / z_2 = " + f + "i" , (3 , 1) , true , true)))
16	조건(f == 1 , 조건(e == 0 , 값설정(T , 텍스트("z_1 / z_2 =" + "i" , (3 , 1) , true , true)) , 값설정(T , 텍스트("z_1 / z_2 =" + e + "+" + "i" , (3 , 1) , true , true))))
17	조건(f_m == 0 , 값설정(T , 텍스트(" z_1 / z_2 = " + e , (3 , 1) , true , true)))

2. 수학으로 음악하기

비브라토는 음정이 유지된 상황에서 소리의 세기의 변형과 연관이 있다.
함수 $y=(a\sin bx+c)(\sin dx)$ (단, a, b, c, d는 모두 양수이며 $c>a$)의 최댓값은 아래와 같은 이유로 $a+c$보다 작거나 같다.

$$(a\sin bx+c)(\sin dx) \leq a\sin bx+c \leq a+c$$

또한, 최솟값은 $-a-c$보다 크거나 같다.

$$(a\sin bx+c)(\sin dx) \geq -a\sin bx-c \geq -a-c$$

$f(x)=a\sin bx+c>-a+c>0$이므로 $y=f(x)g(x)$가 x축과 만나는 교점은 $g(x)=0$일 때이다. 즉, $y=f(x)g(x)$는 $y=g(x)$의 그래프와 같은 진동수를 가진다.

[출처: 네이버 캐스트 수학산책 평균율과 순정률]

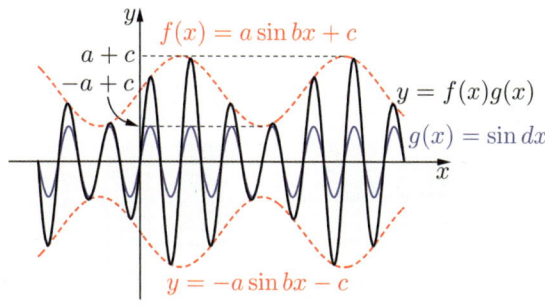

2.1 피아노

구성단계

[단계1]   입력창에 각 음계에 따른 진동수를 가지는 함수식을 입력한다.

> 입력: 도(x) = sin(440 2 pi x 2 ^ (3 / 12))

입력: 레(x) = sin(440 2 pi x 2 ^ (5 / 12))

입력: 미(x) = sin(440 2 pi x 2 ^ (7 / 12))

입력: 파(x) = sin(440 2 pi x 2 ^ (8 / 12))

입력: 솔(x) = sin(440 2 pi x 2 ^ (10 / 12))

입력: 라(x) = sin(880 2 pi x)

입력: 시(x) = sin(880 2 pi x 2 ^ (2 / 12))

입력: 높은도(x) = sin(880 2 pi x 2 ^ (3 / 12))

[단계2] **다각형** 도구를 사용하여 다음과 같이 피아노 건반 모양을 만든다.

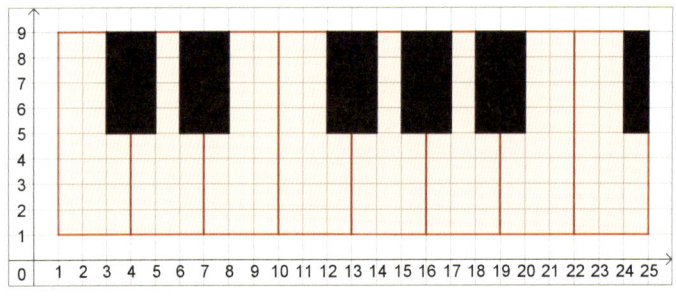

[단계3] 각 음계에 해당하는 건반모양의 다각형을 선택한 후 '우클릭-설정사항-스크립트'에 들어가 클릭할 때에 **음악연주** 명령어를 입력한다.
예를 들어 '도'의 경우는 다음과 같다.

클릭할 때	새로고침할 때	전역 자바스크립트
1 음악연주(도 , 0 , 1)		

3. 수학 게임

3.1 명령어 익히기

도전! 예시답안

점 A와 슬라이더 t를 만든 후, 점 A를 선택하여 '우클릭-설정사항-스크립트-새로고침할 때'에 다음과 같이 입력한다.

클릭할 때	새로고침할 때	전역 자바스크립트
1	조건(x(A) > 0 , 애니메이션시작(t) , 애니메이션시작(t , false))	

3.2 핑퐁게임

스크립트 해설

➡ 슬라이더 t의 스크립트

새로고침할 때	전역 자바스크립트
1	값설정(A , A + (x방향 , y방향) * 속도)
	# 슬라이더 t의 값이 변할 때마다 설정된 x방향, y방향, 속도를 적용하여 점 A의 값을 설정한다.
2	조건(x(A) <= x(B) , 값설정(x방향 , 1))
	# 점 A가 왼쪽 테두리와 만나면 슬라이더 x방향 값을 1로 설정한다.
3	조건(x(A) >= x(C) , 값설정(x방향 , -1))
	# 점 A가 오른쪽 테두리와 만나면 슬라이더 x방향 값을 -1로 설정한다.
4	조건(y(A) >= y(E) , 값설정(y방향 , -1))
	# 점 A가 위쪽 테두리와 만나면 슬라이더 y방향 값을 -1로 설정한다.
5	조건(y(A) <= y(B) , 조건(x(F) - 1 <= x(A) <= x(F) + 1 , 값설정(y방향 , 1) , 애니메이션시작(t , false)))
	# 점 A가 아래쪽 테두리와 만나면서 공 받침막대와 만나면 슬라이더 y방향 값을 1로 설정하고, 공 받침막대와 만나지 않으면 슬라이더 t의 애니메이션을 멈춘다.

지오지브라 코딩 수학

6	조건(y(A) <= y(B) , 조건(x(F) - 1 <= x(A) <= x(F) + 1 , 값설정(속도 , 속도 + 0.01)))
	# 점 A가 아래쪽 테두리와 만나면서 공 받침막대와 만나면 속도의 값을 기존 속도에 0.01 증가한다.
7	조건(y(A) <= y(B) , 조건(x(F) - 1 <= x(A) <= x(F) + 1 , 값설정(점수 , 점수 + 1)))
	# 점 A가 아래쪽 테두리와 만나면서 공 받침막대와 만나면 점수의 값을 기존 점수에 1 증가한다.

➡ [Play] 버튼의 스크립트

캡션:	Play
지오지브라 스크립트:	
1	애니메이션시작(t) # 슬라이더 t의 애니메이션을 시작한다.
2	값설정(A , (랜덤(x(B) , x(C)) , 랜덤(y(B) , y(D))))
	# 점 A의 x 좌표를 점 B와 점 C의 사잇값으로, y 좌표는 점 C와 점 D의 사잇값으로 설정한다.
3	값설정(y방향 , 1) # y방향을 1로 설정하여 시작할 때 점 A가 위쪽으로 움직이도록 설정한다.
4	값설정(속도 , 0.1) # 시작할 때 속도를 0.1로 설정한다.
5	값설정(점수 , 0) # 시작할 때 점수를 0으로 설정한다.

도전! 예시답안

입사각이 좌우 벽에는 $30°$, 위쪽 벽에는 $60°$가 될 때 공의 자취는 다음의 그림과 같다. 즉, x의 값이 $\sqrt{3}$만큼 증가할 때 y의 값은 1만큼 증가한다. 따라서 슬라이더 t의 스크립트 첫째 줄의 점 A의 값 설정에서 x방향의 증가 값을 $\sqrt{3}$ 배 한다.

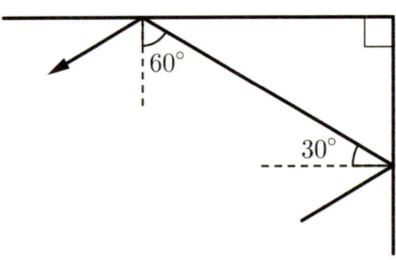

	새로고침할 때	전역 자바스크립트
1	값설정(A , A + (x방향 * sqrt(3) , y방향) * 속도)	
2	조건(x(A) <= x(B) , 값설정(x방향 , 1))	
3	조건(x(A) >= x(C) , 값설정(x방향 , -1))	
4	조건(y(A) >= y(E) , 값설정(y방향 , -1))	
5	조건(y(A) <= y(B) , 조건(x(F) - 1 <= x(A) <= x(F) + 1 , 값설정(y방향 , 1) , 애니메이션시작(t , false)))	
6	조건(y(A) <= y(B) , 조건(x(F) - 1 <= x(A) <= x(F) + 1 , 값설정(속도 , 속도 + 0.01)))	
7	조건(y(A) <= y(B) , 조건(x(F) - 1 <= x(A) <= x(F) + 1 , 값설정(점수 , 점수 + 1)))	

3.3 뱀꼬리게임

스크립트 해설

→ 버튼의 스크립트

좌우상하 버튼 중 위쪽방향으로 이동시키는 버튼1에 대한 해석은 다음과 같다.
버튼2, 3, 4는 버튼1과 같은 방식으로 이해할 수 있다.

캡션: 버튼1	
지오지브라 스크립트:	
1	값설정(x방향 , 0)　　# 버튼을 누를 때마다 슬라이더 "x방향"의 값이 0으로 설정된다.
2	값설정(y방향 , 1)　　# 버튼을 누를 때마다 슬라이더 "y방향"의 값이 1로 설정된다.

→ 리스트 $l1$의 정의

입력:	리스트단일화(수열(수열((a , b) , a , 1 , 19) , b , 1 , 19))

리스트단일화 명령어는 여러 개의 리스트를 하나의 리스트로 만든다.

1	입력	수열((a , b) , a , 1 , 19)
	결과	$\{(1, b), (2, b), \cdots, (19, b)\}$
2	입력	수열(수열((a , b) , a , 1 , 19) , b , 1 , 19)
	결과	$\{\{(1, 1), \ldots, (19, 1)\}, \{(1, 2), \ldots, (19, 2)\}, \ldots, \{(1, 19), \ldots, (19, 19)\}\}$
3	입력	리스트단일화(수열(수열((a , b) , a , 1 , 19) , b , 1 , 19))
	결과	$\{(1, 1), \ldots, (19, 1), (1, 2), \ldots, (19, 2), \ldots, (1, 19), \ldots, (19, 19)\}$

➡ 슬라이더 t의 스크립트

새로고침할 때	전역 자바스크립트

1   값설정(E , E + (x방향 , y방향))
      # 슬라이더 t의 값이 변할 때마다 점 E의 값이 설정된 (x방향, y방향)으로 평행이동한다.

2   조건(x(E) >= x(B) , 애니메이션시작(t , false))

3   조건(x(E) <= x(A) , 애니메이션시작(t , false))

4   조건(y(E) >= y(C) , 애니메이션시작(t , false))

5   조건(y(E) <= y(A) , 애니메이션시작(t , false))
      # 차례로 점 E가 오른쪽, 왼쪽, 위쪽, 아래쪽 테두리와 만나면 슬라이더 t의 애니메이션을 멈춘다.

6   값설정(l2 , 추가(l2 , E))   # 점 E의 순서쌍이 바뀔 때마다 리스트 $l2$에 해당 순서쌍을 추가한다.

7   값설정(l2 , 마지막항(l2 , 점수 + 1))
      # 점 E가 지나온 점 중에서 마지막으로 $l2$에 추가된 점수+1개 만큼의 순서쌍만을 $l2$로 설정한다.

8   조건(l2 != 반복원소제거(l2) , 애니메이션시작(t , false))
      # 리스트 $l2$와 반복원소가 제거된 리스트 $l2$가 같지 않으면 애니메이션을 중지시킨다.
      즉, 뱀의 머리인 점 E가 자신의 꼬리와 만나게 되면 게임이 끝나도록 설정한다.

9   조건(E == F , 값설정(점수 , 점수 + 1))
      # 뱀의 머리인 점 E가 먹이인 점 F와 만나면 점수를 1점 올린다.

10   조건(E == F , 값설정(F , 랜덤원소(l3)))
      # 점 E와 점 F가 같아지면 뱀 꼬리를 제외한 나머지 영역인 리스트 $l3$에서 랜덤으로 점 F를 설정한다.

→ 시작 버튼의 스크립트

캡션:	시작
지오지브라 스크립트:	
1	값설정(F , 랜덤원소(l3)) # 버튼을 누르면 리스트 l3의 원소 중 랜덤으로 점 F를 설정한다.
2	값설정(E , (10 , 10)) # 뱀의 머리인 점 E를 (10, 10)에서 시작하도록 설정한다.
3	값설정(x방향 , 0) # 점 E의 이동방향 중 x방향을 0으로 설정한다.
4	값설정(y방향 , 1) # y방향을 1로 설정하여 점 E가 위쪽방향으로 움직이도록 설정한다.
5	점수 = 0 # 시작할 때 점수를 0으로 설정한다.
6	l2 = { } # 점 E의 꼬리들을 모으는 리스트 l2를 공집합으로 만든다.
7	애니메이션시작(t) # 슬라이더 t의 애니메이션을 시작한다.

4. 거북기하

4.1 거북이 명령어 익히기

다음 그림과 같이 자취를 남기기 위해서 입력창에 다음과 같이 입력한다.

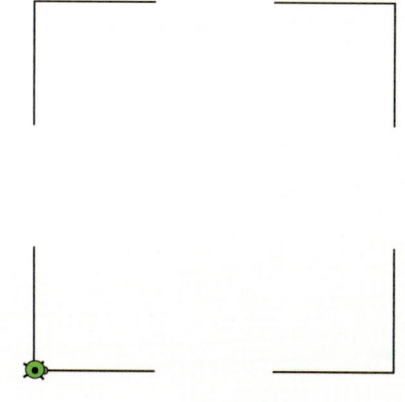

입력: A=거북이( )   입력: 거북이앞으로(A , 3)

지오지브라 코딩 수학

입력:	거북이들기(A)		입력:	거북이앞으로(A , 3)
입력:	거북이놓기(A , 3)		입력:	거북이앞으로(A , 3)
입력:	거북이왼쪽(A , pi/2)

위의 명령어를 입력하고 나면 거북이는 아래쪽을 완성하고 왼쪽 선을 그리기 위해 위쪽으로 향해있다. 이와 같은 과정을 세 번 반복하면 그림과 같은 자취를 만들 수 있다.

4.2 정삼각형

스크립트 해설

캡션:	정삼각형
지오지브라 스크립트:	
1	삭제(A) # 버튼을 누를 때마다 이전에 생성된 거북이를 삭제하여 초기화하는 역할을 한다.
2	A = 거북이() # 거북이를 새로 만든다.
3	반복(3 , 거북이앞으로(A , 3) , 거북이왼쪽(A , 2 * pi/3)) # 거북이앞으로와 거북이왼쪽 명령어를 세 번 반복한다.
4	애니메이션시작(A) # 거북이가 출발하도록 하는 역할을 한다.

도전! 예시답안

거북이로 정오각형을 만들기 위해서는 **버튼** OK 도구를 클릭하여 캡션에 "정오각형"을 입력하고 다음과 같이 스크립트를 입력한다.

캡션:	정오각형
지오지브라 스크립트:	
1	삭제(A)
2	A = 거북이()
3	반복(5 , 거북이앞으로(A , 3) , 거북이왼쪽(A , 2 * pi/5))
4	애니메이션시작(A)

4.3 정다각형

도전! 예시답안

거북이 명령어는 "가기"와 "돌기"만으로 이루어져 있어 곡선을 만들 수 없다. 하지만 한 변의 길이를 짧게 하고, 정n각형의 n을 크게 설정하면 원과 비슷한 모양을 만들 수 있다. 예를 들어 다음은 한 변의 길이를 0.1로 한 정100각형을 그린 것이다.

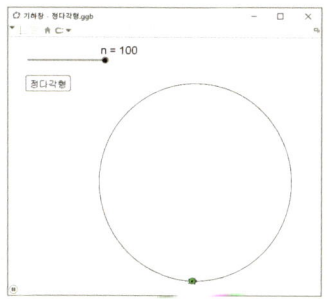

4.4 단위원에 내접하는 정삼각형

도전! 예시답안

거북이로 단위원에 내접하는 정다각형을 만들기 위해서는 **슬라이더** 도구를 이용하여 최솟값 '3', 최댓값 '30', 증가 '1'인 자연수 변수 n을 만든 후, **버튼** 도구를 클릭하여 캡션에 "단위원에 내접하는 정다각형"을 입력하고 다음과 같이 스크립트를 입력한다.

캡션: 단위원에 내접하는 정다각형
지오지브라 스크립트:
1 삭제(A)
2 A = 거북이()
3 거북이왼쪽(A , pi/2 - pi/n)
4 반복(n , 거북이앞으로(A , 2 * sin(pi/n)), 거북이오른쪽(A , 2 * pi/n))
5 애니메이션시작(A)

4.5 단위원에 내접하는 별

🔅 도전! 예시답안

거북이로 단위원에 내접하는 오목십각형 형태의 별을 만들기 위해서는 **버튼** OK 도구를 클릭하여 캡션에 "단위원에 내접하는 오목십각형"을 입력하고 다음과 같이 스크립트를 입력한다.

캡션: 단위원에 내접하는 오목십각형
지오지브라 스크립트:
1 삭제(A)
2 A = 거북이()
3 거북이왼쪽(A , pi/2 - 2 * pi/5)
4 반복(5 , 거북이앞으로(A , 2 * sin(2 * pi/5)- 2 * sin(4 * pi/5)), 거북이왼쪽(A , 2 * pi/5) , 거북이앞으로(A , 2 * sin(2 * pi/5) - 2 * sin(pi/5)), 거북이오른쪽(A , 4 * pi/5))
5 애니메이션시작(A)

5. 프랙털

5.1 명령어 익히기

버튼 OK 도구를 이용하여 캡션과 스크립트가 다음과 같은 2개의 버튼을 순서대로 만들어 보자. 캡션이 '반복하기'인 버튼의 이름은 "버튼1"이고, '회전하기'인 버튼의 이름은 "버튼2"이다.

캡션: 반복하기
지오지브라 스크립트:
1 A = (1 , 0)
2 n = 1
3 반복(59 , 마우스클릭실행스크립트(버튼2))

캡션: 회전하기
지오지브라 스크립트:
1 회전(A , 자유대상복사(n) 6 deg , (0 , 0))
2 값설정(n , n+1)

5.2 코흐 곡선

코흐 곡선을 그리는 과정을 보면 같은 과정을 반복하게 된다. 이러한 과정을 지오지브라에서 새로운 도구와 명령어로 만든 후 이를 반복적으로 사용하면 쉽게 코흐 곡선을 그릴 수 있다. 본 과정에서는 선분을 잘라내는 원래의 과정을 그대로 이용하기보다 코흐 곡선을 그려나가는 점을 만들어 이 점들을 다각선으로 연결하는 방법을 이용한다.[26] 그림으로 과정을 간단히 나타내면 다음과 같다.

---

[26] 지오지브라를 이용하여 코흐 곡선을 만드는 방법은 여러 가지가 있다. 다양한 방법을 생각해보자.

지오지브라 코딩 수학

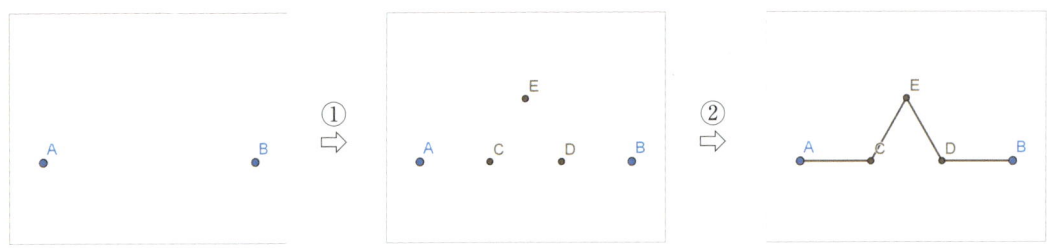

위의 그림에서 ②번 과정은 두 번째 그림에 있는 점을 이용하여 **다각선** 명령어를 사용하면 된다. 그러나 ①번 과정은 지오지브라에서 자동으로 만들어주지 않기 때문에 세 점 C, D, E를 각각 만들어주어야 한다. 그리고 다음 단계 코흐 곡선을 그리기 위해서는 두 점 A, B로 C, D, E를 만드는 과정을 A, C / C, E / E, D / D, B에 대해서도 반복해야 한다. 따라서 두 점이 주어질 때, 5개의 점을 만드는 과정을 도구 및 명령어로 만들어두면 다음 단계의 코흐 곡선을 만들 때 사용하여 코흐 곡선을 그리는 과정을 보다 간소화할 수 있다. [단계1]~[단계5]는 이 기능을 가진 도구와 명령어를 만드는 과정이다.

새 도구 만들기로 도구를 만들면 명령어도 동시에 만들어진다. 도구상자에 추가된 도구를 사용하지 않고 입력창에 'Koch(〈점〉,〈점〉)'을 입력해도 같은 결과를 얻을 수 있다.

새롭게 만든 Koch 도구와 명령어를 이용하여 두 점을 클릭하면 다음 단계의 코흐 곡선을 그리기 위한 점의 리스트가 만들어진다. 매번 만들어진 점을 클릭하여 코흐 곡선을 그리기 위한 점의 리스트를 만들 수는 없으므로, 이 과정을 지오지브라가 대신할 수 있도록 설계가 필요하다.

Koch 도구와 명령어를 만들 때, 다각선은 만들지 않고 점의 리스트만 만든 데는 이유가 있다. 최초의 두 점을 이용하여 5개의 점을 만들고, 이 5개의 점을 앞에서부터 순서대로 2개씩 선택하여 이 점들로 다음 단계의 5개의 점을 만드는 과정을 반복하기 위해서이다. 그렇게 하여 원하는 단계까지 반복하여 점을 모두 만들면 그때 다각선을 만든다.

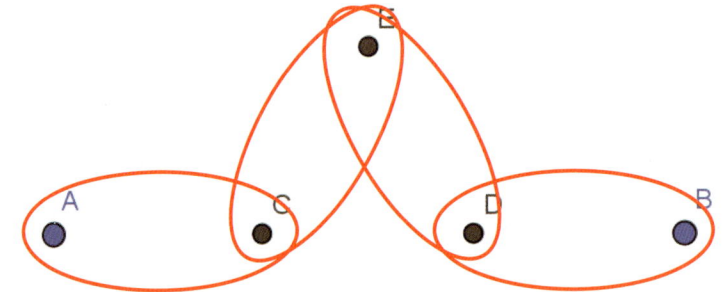

여기에 Koch 명령어를 적용하면 아래와 같이 점이 만들어진다.

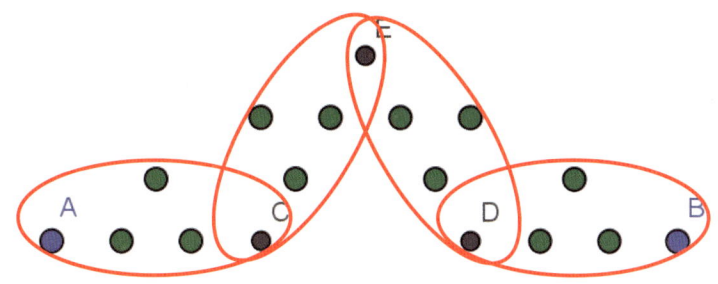

수열 명령어를 사용하여 리스트의 점을 앞에서부터 순서대로 2개씩 선택하여 Koch 명령어를 적용하여 새로운 점의 리스트를 만든다. 즉, 예를 들어 다섯 개의 점으로 이루어진 리스트가 있을 때, 앞에서부터 2개씩 선택하면 총 4개의 순서쌍을 생각할 수 있고, 각 순서쌍으로 5개의 점으로 이루어진 리스트를 만드는 것이다. 이렇게 되면 총 20개의 점을 가진 리스트의 리스트가 만들어지게 되는데, 다각선을 만들기 위해 리스트 안의 리스트의 원소를 모두 꺼내어 하나의 리스트로 만들고[27], 중복된 원소를 삭제[28]하여 새로운 리스트를 만든다.

기존에 있었던 점의 리스트를 새롭게 만들어진 점의 리스트로 대체[29]하고, 다시 이 리스트를 같은 과정을 반복하여 다음 단계의 점의 리스트를 만들면 여러 단계를 거친 코흐 곡선을 한 번에 그릴 수 있게 된다. [단계6], [단계7], [단계8]에 해당한다.

도전! 예시답안

버튼 OK 도구를 이용하여 캡션과 스크립트가 다음과 같은 버튼을 만들어보자.

캡션: 이전 단계
지오지브라 스크립트:
1 조건(길이(KC) >= 5, 값설정(KC, 수열(원소(KC, k), k, 1, 길이(KC), 4)))

---

27) **리스트단일화** 명령어를 사용한다.
28) **반복원소제거** 명령어를 사용한다.
29) **값설정** 명령어를 사용한다.

지오지브라 코딩 수학

5.3 시에르핀스키 삼각형

그림과 같이 내부가 채워진 정삼각형에서 세 변의 중점을 연결한 정삼각형을 제거하는 과정을 반복하여 얻은 도형이 시에르핀스키 삼각형이다.

시에르핀스키 삼각형을 만들기 위해서는 삼각형을 제거해나가는 과정을 거쳐야 하는데, 지오지브라에서는 해당 기능이 완벽히 작동하고 있지는 않기 때문에[30] 제거하는 부분에 흰색 정삼각형을 만들어 제거한 것처럼 보이게 하거나, 제거하고 남은 부분을 그려나가는 방법을 이용한다. 본 과정에서는 제거하고 남은 부분을 그려나가는 방법으로 진행할 것이며, 제거하는 부분에 흰색 정삼각형을 만드는 방법은 각자 도전해보자.

그림과 같이 지오지브라에서 두 점 A, B가 있을 때, **다각형** 명령(또는 도구)을 이용하면 정삼각형을 그릴 수 있다.

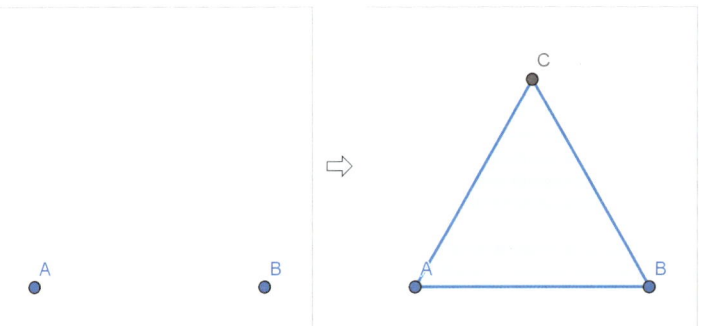

따라서 어떤 정삼각형에 대하여 내부를 제거하고 남은 세 정삼각형을 그리기 위해서는 세 정삼각형의 밑변의 양 끝점만 만들면 된다. 즉, 시에르핀스키 삼각형을 만들기 위해서는 남은 정삼각형의 밑변의 양 끝점을 반복하여 만든 후에 그 점들을 이용하여 정삼각형을 만들면 된다.

---

[30] **안겹치는부분** 명령어로 제거할 수 있으나, 완벽하지는 않다.

예를 들어, 그림과 같이 1단계와 2단계의 시에르핀스키 삼각형을 만드는 과정은 다음과 같다.

〈1단계 시에르핀스키 삼각형〉

〈2단계 시에르핀스키 삼각형〉

〈1단계 시에르핀스키 삼각형〉
그림과 같이 주어진 두 점 A, B가 있을 때, 이를 이용하여 정삼각형의 세 변의 중점을 연결한 정삼각형을 제거하고 남은 세 정삼각형의 밑변의 양 끝점 중에서 A, B를 제외한 세 점 C, D, E를 만든다. **다각형** 명령(또는 도구)를 이용하여 두 점 A, C / C, B / D, E를 밑변의 양 끝점으로 하는 정삼각형 3개를 만든다.

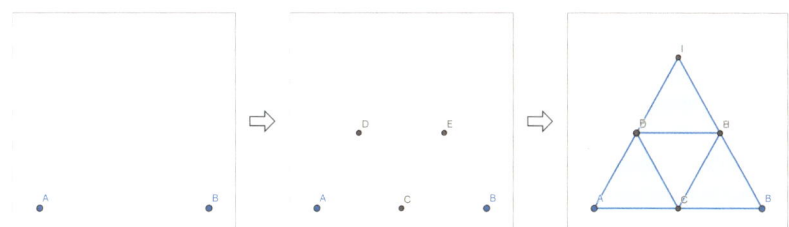

〈2단계 시에르핀스키 삼각형〉
1단계 만드는 과정 중 A, B, C, D, E까지 만들어졌을 때, 두 점 A, C / C, B / D, E에 대하여 같은 과정을 반복하여 9개의 점을 만든다. 이렇게 만들어진 14개의 점을 이용하여 정삼각형 9개를 만든다.

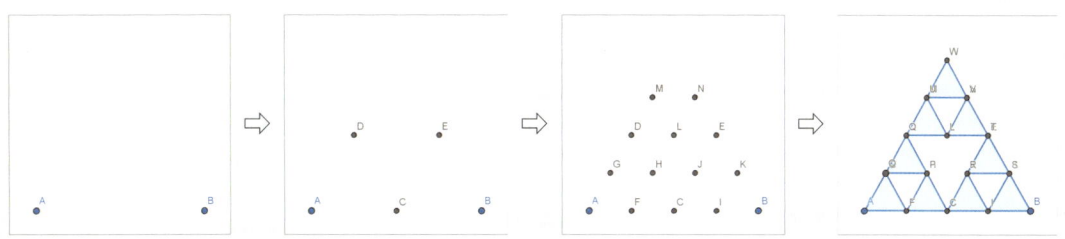

더 높은 단계의 시에르핀스키 삼각형을 만들 때는 점을 만드는 과정을 계속 반복한 후 정삼각형을 그리면 되므로 반복하여 점을 만드는 것을 새 도구 만들기를 이용하여 도구 및 명령어를 만들어 활용하면 편리하다. 또한, 이렇게 만들어진 점을 이용하여 다음 단계의 점을 만드는 것을 고려해야 한다. 위의 2단계 시에르핀스키 삼각형을 만드는 과정을 이용하여 설명하면, 두 점 A, B를 이용하여 C, D, E를 만든 후, 다시 A와 C, C와 B, D와 E를 이용하여 같은 과정을 반복해야 하므로 A, B에서 세 점 C, D, E를 만드는 데 그치지 않고 {A, C, C, B, D, E}와 같이 리스트를 만드는 도구를 새롭게 만들어야 한다. [단계1]~[단계5]는 이러한 도구를 만드는 과정이다.

도전! 예시답안

버튼 OK 도구를 이용하여 캡션과 스크립트가 다음과 같은 버튼을 만들어보자.

캡션:	이전 단계
지오지브라 스크립트:	
1	조건(길이(SP) > 2 , 값설정(SP , 수열(원소(SP , k) , k , 1 , 길이(SP) , 3)))